シリーズ：最適化モデリング 3

日本オペレーションズ・リサーチ学会 監修
室田一雄・池上敦子・土谷 隆 編

ナース・スケジューリング
―問題把握とモデリング―

池上敦子 著

近代科学社

◆ 読者の皆さまへ ◆

平素より、小社の出版物をご愛読くださいまして、まことに有り難うございます。

㈱近代科学社は 1959 年の創立以来、微力ながら出版の立場から科学・工学の発展に寄与すべく尽力してきております。それも、ひとえに皆さまの温かいご支援があってのものと存じ、ここに衷心より御礼申し上げます。

なお、小社では、全出版物に対して HCD（人間中心設計）のコンセプトに基づき、そのユーザビリティを追求しております。本書を通じまして何かお気づきの事柄がございましたら、ぜひ以下の「お問合せ先」までご一報くださいますよう、お願いいたします。

お問合せ先：reader@kindaikagaku.co.jp

なお、本書の制作には、以下が各プロセスに関与いたしました：

- 企画：小山 透
- 編集：石井沙知
- 組版：藤原印刷（LaTeX）
- 印刷：藤原印刷
- 製本：藤原印刷
- 資材管理：藤原印刷
- カバー・表紙デザイン：川崎デザイン
- 広報宣伝・営業：冨髙琢磨、山口幸治、東條風太

●本書に記載されている会社名・製品名等は、一般に各社の登録商標または商標です。本文中の©、®、TM 等の表示は省略しています。

- 本書の複製権・翻訳権・譲渡権は株式会社近代科学社が保有します。
- JCOPY 〈(社)出版者著作権管理機構 委託出版物〉
  本書の無断複写は著作権法上での例外を除き禁じられています。
  複写される場合は、そのつど事前に(社)出版者著作権管理機構
  （電話 03-3513-6969、FAX 03-3513-6979、e-mail: info@jcopy.or.jp）の許諾を得てください。

刊行にあたって

　日本オペレーションズ・リサーチ学会創立 60 周年記念事業の一つとして，ここに「シリーズ：最適化モデリング」を刊行する．

　最適化は「モデリング」と「アルゴリズム」と「数理」の三つの要素から構成され，これらは切り離すことができない緊密な関係にある．その精神は，Dantzig の教科書をはじめとする斯界の名著においても繰り返し述べられ，表現されている通りである．

　しかし，最近は，最適化という言葉に対し，アルゴリズムと数理だけを想像する向きも少なくない．本シリーズでは，上に述べた「最適化の原点」に戻ることも含め，最適化とモデリングについて，あらゆる角度から議論して考察する．最適化の思想に基づく様々なモデリングを幅広く対象として扱い，学問としての最適化モデリングの深化を目指す．

　第 1 巻では，モデリングに関する幅広い視点での議論を紹介し，第 2 巻以降では，いくつかの研究テーマを対象に，モデリングの視点で，問題や解決方法，そして，それらのベースとなる基本モデルやアルゴリズムに関する知識や話題を紹介する．本シリーズが「問題解決や研究の原点とは」を問いかけることで，読者にとっての新しい視点を見つける一助となれば幸いである．

編集委員
室田一雄・池上敦子・土谷 隆

はじめに

　ナース・スケジューリングとは，病棟ナースの勤務表を作成する問題である．与えられた条件の下での勤務表作成が難しいだけでなく，人間の暗黙的な評価尺度や制約が存在することから，結果の勤務表に対する評価も難しい．

　著者は，ナース・スケジューリングに出会ってから，この問題の難しさを把握するため，そして，実際に勤務表を作成するために，いろいろな角度から問題を眺めてみた．あとから考えれば，その活動自体がモデリングだったかも知れない．したがって，著者にとっては，ナース・スケジューリングと最適化モデリングは，ほぼ同じ興味で取り組む対象であったといえる．

　一方，最適化研究の中では，ナース・スケジューリングは求解困難な組合せ最適化問題として知られてきた．そして，この問題を解くためのアルゴリズムの研究は現在も盛んである．そんな中，ナース・スケジューリングの本は世界でも稀だと思うが，既存の概念に捕らわれず，一般的な教科書でもなく，著者の視点でこの問題を書いてみようと考えた．

　本書は，ときにナース・スケジューリング自体の視点で，ときに最適化モデリングの視点で書き進めたものである．そして，研究仲間や研究室学生と一緒に進めた研究成果で構成されている．たまに脱線もしている．また，多くの方々との議論内容も含まれている．本書における図表作成の一部は，研究室卒業生の長谷部勝也氏によるものである．

　本書では，数式も多く出てくるが，それを読まずとも理解できる内容が多い．読者には，気ままにスキップしながら，気楽な読み物として読んでいただけたら幸いである．

2018 年 1 月

池上敦子

目　次

はじめに v

1章　モデリングを通して見えた世界
　1.1　ナース・スケジューリングとの出会い 1
　1.2　現場調査 2
　1.3　シフト制約条件とナース制約条件 5
　1.4　問題の目的はなにか 6
　1.5　モデリングの視点 7
　1.6　勤務表を作成する 8
　1.7　その先へ 9

2章　ナース・スケジューリング
　2.1　病棟ナースの勤務表 11
　2.2　ナース・スケジューリングの研究 16
　2.3　勤務表作成のための制約条件 19
　2.4　勤務表を作成してみよう 21
　2.5　問題例 23
　2.6　他の勤務表作成との違い 31

3章　組合せ最適化問題としての定式化
　3.1　組合せ最適化問題 35

3.2	定式化におけるパラメタ	38
3.3	各ナースの各日の勤務内容を組み合わせる定式化	40
3.4	各ナースの1ヶ月分のスケジュールを組み合わせる定式化	49
3.5	各ナースの1週分のスケジュールを組み合わせる定式化	53
3.6	実問題を最適化汎用ソルバーで解いてみる	59
3.7	最適化モデリング	60

4章　割当構造を意識する

4.1	簡単で面白い「割当問題」	64
4.2	割当問題の双対問題	71
4.3	ネットワーク・フロー問題としての割当問題	76
4.4	ナース・スケジューリングにおける割当構造	79

5章　問題の部分解を意識して解く

5.1	問題を分解して考える	87
5.2	部分問題と結合制約	91
5.3	ナース毎に設定した部分問題	93
5.4	部分問題軸アプローチ	96
5.5	アルゴリズム	101

6章　問題の条件を緩和して解く

6.1	緩和問題：「巡回セールスマン問題」を例に	110
6.2	大きな構造を捉える	117
6.3	緩和しても影響の少ない制約を見つける	118
6.4	2交替制ナース・スケジューリングの問題例	120
6.5	緩和問題を利用したアルゴリズム	122
6.6	局所探索法：実装の工夫	124

7章　探索空間を把握したい

7.1	最短路問題	130

7.2 最短路を見つけるアルゴリズム 132
7.3 部分問題の実行可能解 136
7.4 動的計画法の視点 137
7.5 実行可能解のネットワーク表現 141
7.6 ネットワーク上の最短路と k 最短路 142
7.7 緩和解のネットワーク表現 143

8 章　他の問題も考えてみる
8.1 訪問介護スタッフ・スケジューリング 153
8.2 シフト・スケジューリング 171
8.3 学校時間割作成 176

9 章　現実問題を最適化はどう支援するか
9.1 はじめての現実問題 182
9.2 まずは解を得る 182
9.3 本当に望まれる解 185
9.4 問題把握の難しさ 186
9.5 人間の思考に調和する最適化 187
9.6 セレンディピティ 189

参考文献　193

おわりに　199

索　　引　201

著者紹介　205

1章

モデリングを通して見えた世界

初めに，著者（私）が，なぜナース・スケジューリング研究を始めることになったかを紹介する[1]．

1.1　ナース・スケジューリングとの出会い

私が「ナース・スケジューリング」と出会ったのは，1993年，調査で倉敷中央病院に行ったときである．

当時，労働科学研究所の副所長先生のお手伝いでナースの業務実態調査に加わりタイムスタディを行った．「ヒューマン・ケア・ワークのシステム化と作業特性の変容に関する労働心理学的研究」に関する調査の一部である．当時の医療関係ではシステム導入化が検討されており，倉敷中央病院もまさに看護業務のシステム化を目前にしている時期だった．そこで，調査ではシステムの導入後と比較するために，対象部署のナース全員の業務量と業務内容を捉える必要があった．

もちろん，私はその分野の素人なので，アルバイトで依頼した看護学校の学生さんと同様，時計を片手に1人のナースに8時間以上べったり張り付き，30秒毎に，時刻，ナースの姿勢，作業内容，場所，相手等を記録しているだけであった．1週間ほど倉敷に滞在し，深夜勤，日勤，準夜勤という3つのシフトで構成される1日24時間を4日分（もちろん私はその一部を）観察した．治療や見舞い以外で病院に滞在するのは初めての経験であったが，看護ナースの仕事のハードさと偉大さを知った感動の1週間であった．

初日の私の調査対象者は，その部署の婦長だった．当時，ナースは看護婦，師

---

[1] この章は2005年のオペレーションズ・リサーチ誌の特集「モデリング —広い視野を求めて—」のための記事 [31] を一部書き直したものである．

長は婦長と呼ばれていた．婦長は管理者であることから，通常のナースとは業務内容が多少異なる部分もあったが，その移動量と作業量の多さは目が回るほどだったことを憶えている．

調査対象者が通常と同じように業務ができるように調査者は透明人間のように行動しなくてはならないが，夕方も近くなった頃，移動中に婦長から看護業務に対する感想をきかれた．患者に対するケア，ナース達に対する指示，電話，会議等，その業務のハードさに驚いていることを述べると，「自分にとって忙しさは何でもない」との言葉が返ってきた．そして，「最も気が重い仕事は勤務表作成だ」ということだった．

勤務終了後，私はナースの勤務表を見せてもらい，いろいろな条件を考慮しつつ毎日の各シフトに必要なナースを揃えることがいかに難しいかという話を聞くことになった．まさに，このとき，苦しく，辛く，魅力的な「ナース・スケジューリング」という問題に出会ってしまったわけである．

このとき，私は勤務表作成が難しいという事実はナース数の不足にあるのではないかと考えた．もしも，この勤務表作成の問題に対し，論理的に「勤務表作成の困難な状況」を示すことができたら（例えば，必要ナース数の下限値を示すことができたら）とても意味のあることではないか，ORの視点で解決の糸口を掴むことができたら，どんなに素晴らしいのではないかと感じたのだった．ちなみに，当時，時間指定のあるビークル・ルーティング問題に興味を持っていた私は，毎日の各シフトが「時間指定で必要なナースを要求」する顧客，そしてナース達がそれらのシフトの間を走り回る車に思えていた．

1.2　現場調査

東京に戻ってきた私は，同じく看護業務調査の集計・分析のお手伝いをしていた東京女子医科大学附属病院の婦長に「勤務表作成業務について知りたい」とお願いし，同病院において勤務表作成についてのアンケート調査と聞き取り調査を実施させてもらえることになった [25]．1994年3月のことである．

アンケートは29項目からなり，勤務表作成に費やす時間，精神的負担，具体的作成手順，コンピュータ支援システムに対する期待などを質問した．交替制

勤務を行っている40部署の勤務表作成担当者（婦長や主任）に回答してもらったが，調査結果の概要は以下の通りである．

　勤務表を作成するためには平均6.8時間を費やし，長いときには30時間も費やす場合もある．そして，休日や勤務終了後といった，プライベートの時間を利用することが多く，勤務時間内で作成できるのが40名中2名しかいないのに対し，勤務時間外だけで作成している人が18名もいた（一般的には，土日の2連休をつぶすという）．また，勤務表作成を苦痛であると感じているのが28名と全体の7割を占め，勤務表作成をやりたくない，できればやりたくないと思っているのが36名と全体の9割を占めていた．勤務表作成をやりたくない理由としては大きく3つ，勤務表作成に費やす時間，勤務表作成の難しさ，そして，それに関わるストレスが挙げられていた．

　勤務表作成の際に，絶対に守らなければいけない条件と，できれば守りたい条件を挙げてもらった結果，どの部署でもほとんど同じ条件セットを考慮していることがわかった．内容としては大きく2つ，各日の各シフトにおいて支障が起きないようにナースを揃えるための条件（必要人数，スキルレベル的に問題のないメンバー構成，相性や馴れ合いに対する考慮，等）と各ナースの勤務負荷や健康を考慮するための条件（休みや勤務シフトの数，休みや勤務の希望，セミナー等の予定，勤務と勤務の間が8時間未満や夜勤が何日も続くといった厳しいシフトの並びを避ける，等）に分けられることもわかった．

　また，どのような勤務表が望ましいのかについては，どの部署でも「上記条件を満たす勤務表」が挙げられており，現実には，すべての条件を満たすことが難しいということが報告されていた．

　ここで，勤務表を簡略化した例を表1.1に示す．列が各日，行が各ナースに対応しており，表中には，そのナースのその日の勤務の記号が書き込まれている．

1章 モデリングを通して見えた世界

表 1.1 3交替制勤務表 (−：日勤, e：準夜勤, n：深夜勤, /：休み, +：その他の勤務)

ナース番号	1金	2土	3日	4月	5火	6水	7木	8金	9土	10日	11月	12火	13水	14木	15金	16土	17日	18月	19火	20水	21木	22金	23土	24日	25月	26火	27水	28木	29金	30土	休み	日勤	準夜勤	深夜勤	他勤務
1	−	e	/	−	n	n	e	e	/	−	−	e	e	/	−	n	n	e	e	/	−	−	e	e	/	−	n	n	e	e	11	11	4	4	+
2	/	/	−	e	n	n	e	e	/	−	e	e	/	−	n	n	e	e	/	−	e	e	/	−	n	n	e	e	/	e	12	10	4	4	0
3	n	n	e	e	/	−	e	e	/	−	n	n	e	e	/	−	e	e	/	−	n	n	e	e	/	−	e	e	/	n	11	9	5	5	0
4	e	e	n	n	e	e	/	−	+	e	e	/	−	n	n	e	e	/	−	e	e	/	−	n	n	e	e	/	−	n	10	9	5	5	1
5	−	/	e	e	/	−	n	n	e	e	/	−	e	e	/	−	n	n	e	e	/	−	e	e	/	−	n	n	e	e	10	10	6	4	0
6	/	−	n	n	e	e	/	−	e	e	/	−	n	n	e	e	/	−	e	e	/	−	n	n	e	e	/	−	e	e	11	10	5	4	0
7	−	/	−	n	n	e	e	/	−	e	e	/	−	n	n	e	e	/	−	e	e	/	−	n	n	e	e	/	−	e	12	9	5	4	0
8	/	−	−	n	n	e	e	/	−	e	e	/	−	n	n	e	e	/	−	e	e	/	−	n	n	e	e	/	−	e	10	9	8	3	1
9	e	e	/	−	−	e	e	/	+	n	n	e	e	/	−	e	e	/	−	n	n	e	e	/	+	−	e	e	/	n	9	9	7	3	1
10	e	/	−	n	n	e	e	/	−	e	e	/	−	n	n	e	e	/	−	e	e	/	−	n	n	e	e	/	−	e	10	9	6	4	0
11	/	e	/	−	+	e	e	/	−	n	n	e	e	/	−	e	e	/	−	n	n	e	e	/	−	e	e	/	−	n	11	9	5	4	0
12	e	n	n	+	e	e	/	−	n	n	e	e	/	−	e	e	/	−	n	n	e	e	/	−	e	e	/	−	n	n	11	12	3	4	1
13	/	/	e	e	/	−	e	e	/	−	n	n	e	e	/	−	e	e	/	+	−	e	e	/	−	n	n	e	e	/	10	10	6	4	0
14	−	−	/	n	n	e	e	/	−	e	e	/	−	n	n	e	e	/	−	e	e	/	−	n	n	e	e	/	−	e	10	10	6	5	0
15	e	e	/	−	−	e	e	/	−	n	n	e	e	/	−	e	e	/	−	n	n	e	e	/	−	e	e	/	−	e	11	8	5	5	1
16	n	/	−	−	e	e	/	+	e	e	/	−	n	n	e	e	/	−	e	e	/	−	n	n	e	e	/	−	e	e	9	9	6	4	0
17	−	e	/	−	e	e	/	−	n	n	e	e	/	−	e	e	/	−	n	n	e	e	/	−	e	e	/	−	n	n	10	11	5	4	0
18	−	−	/	−	n	n	e	e	/	−	e	e	/	−	n	n	e	e	/	−	e	e	/	−	n	n	e	e	/	−	11	9	6	4	0
19	e	e	/	−	−	e	n	n	e	e	/	−	e	e	/	−	n	n	e	e	/	−	e	e	/	−	n	n	e	e	9	9	5	4	0
20	/	−	e	e	/	+	−	e	e	/	−	n	n	e	e	/	−	e	e	/	−	n	n	e	e	/	−	e	e	/	10	9	6	4	2
21	n	e	/	−	−	e	e	/	−	e	e	/	+	n	n	e	e	/	−	e	e	/	−	n	n	e	e	/	−	e	9	9	7	4	0
22	/	−	n	e	e	/	−	e	e	/	−	n	n	e	e	/	−	e	e	/	−	n	n	e	e	/	−	e	e	/	10	9	6	4	1
日勤	7	7	5	7	6	8	5	8	7	7	8	8	5	7	7	7	8	8	5	8	5	8	8	8	12	7	8	6	8	7					
準夜勤	4	4	5	4	4	5	4	4	4	4	4	4	4	4	4	5	5	4	5	4	5	4	4	4	3	4	4	4	4	4					
深夜勤	3	3	3	3	3	3	3	3	3	3	3	3	3	3	3	3	3	3	3	3	3	3	3	3	3	3	3	3	3	3					

1.3 シフト制約条件とナース制約条件

　アンケート調査を実施してからモデルらしきものが頭に浮かんでくるまでに1年以上の歳月が流れた．アンケートは8頁に渡り，その多くが記述式の回答となっていたため，集計結果は膨大な文章の山であった．初めは問題の構造が全く見えず，ただ数限りない条件が広がる平面の世界に立たされている気分であった．

　問題を知りたいと切望して実施したアンケート調査であったのに，1年が過ぎようとする頃には，なぜこんなやっかいな問題に手をつけたのかと，すっかり後悔の気持ちでいっぱいになっていた．

　しかし，アンケート実施翌年のゴールデンウィークのある日，誰もいない研究室で，アンケートで挙げられた条件と実際の勤務表を交互に見渡しているときに，突然，勤務表の中に縦のラインが見えると同時に横のラインがくっきり見えてきたのである．

　今となっては当たり前すぎる事実なのだが，勤務表作成者は，毎日の各シフトに適切な人数と適切な構成のナースを揃えようと，勤務表を列毎に見て，誰がどのシフトに入るべきかを考えると同時に，勤務表を行毎に見て，対象ナースの勤務の負荷が適正であるかどうかを考えている．実際の勤務表作成作業でも，勤務表作成者が長い定規を列にあてたり，行にあてたりしながら，その記号の並びを見て考えていることが観察されている [60]．私は，前者に関わる条件を「シフト制約条件」もしくは「縦の条件」と呼ぶことにした．そして，後者に関わる条件を「ナース制約条件」もしくは「横の条件」と呼ぶことにした（図1.1参照）．

　当然，スキルレベルの高いナースを多くのシフトに配置したいものの，ナースの負荷を考えるとそのバランスの調整は難しい．一見，各シフトの質と，各ナースのスケジュールの質はトレードオフの関係にあるようにも見える．医療・介護のスタッフ・スケジューリングにおいて，スタッフのスケジュールの質を守ろうとすること，つまり，スタッフの健康や生活を守ろうとすることに対し，「人を扱う業務においてスタッフの都合を考えるとは甘い，けしからん」と怒る人もいるくらいである．はてさて，本当にそうであろうか？　ナース制約条件

を満たそうとすることは，ナースを甘やかす悪いことなのだろうか？

この件については次節でも述べるが，日本においてはシフト制約条件とナース制約条件の両方を考慮することになるので，スケジューリングが難しくなっている [26]．しかし，看護の質を守るためには，これらの両方をあきらめてはいけないのである．

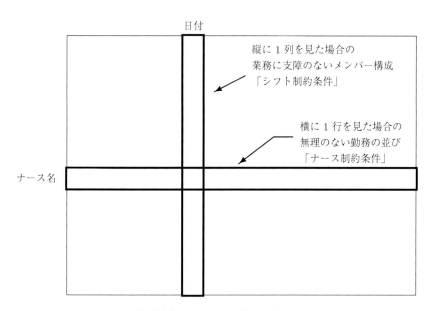

図 1.1　勤務表作成において列毎・行毎に考慮する内容

ちなみに，初期（2000 年前後まで）の海外のナース・スケジューリング研究では，シフト別に違うナースを雇用していたり，ローテーション周期が非常に長いうえ，1 週間や 2 週間だけを対象とする場合が多く，問題におけるナース制約条件が非常に緩いものになっていた．

1.4　問題の目的はなにか

この問題に出会った頃から，ナース・スケジューリングは，何かを最適化したいというより，すべての制約条件をできるだけ満たしたいといった性質の問

題であると感じていた．では，この問題に目的はないのか？

　私は，ナース・スケジューリング問題の目的を「看護の質を守ること」であると考えている．看護の質を数値で表現することは難しいが，看護の質を守るためになら数理的な考え方が力を発揮できると信じている．

　看護の質を守るために，ナース・スケジューリングができることは，シフト制約条件により適切なメンバーを揃えることと，ナース制約条件により個々のナースが自分の力なりに最良の看護の質を提供できるようにすることである．シフト制約条件が「看護の質」に直接関わることは理解しやすいので，ナース制約条件について補足するが，同じナースでも体調や不満のありなしにより提供できる看護の質が違ってくると考えられる．健康に悪影響を及ぼす勤務が続いたり，希望する休みが取れなかったりすると，次第に士気も薄れ，看護の質が落ちるばかりでなく，最終的には，退職者を出してしまうという問題まで引き起こす．

1.5　モデリングの視点

　1998年，私は患者としてこの問題を考える機会に恵まれた．ナース・スケジューリングに没頭し過ぎたせいか，私は病に倒れ，入院生活を送ることになった．より真剣にこの問題を考えるよう神様が試練を与えたのかもしれない．

　ナース・スケジューリング研究者の威信をかけ，客観的な観察を誓っていたが，自分の体調が切羽詰まってくると，観察というより，夜勤帯にどのナースが勤務しているかが最大の興味になった．そのメンバー構成が夜勤の質に大きく関わり，自分の不安の大きさに圧倒的な影響を及ぼす．優しいナースだと安心して眠れ，そうでないと不安な夜が過ぎるわけである．

　一方，ナース達はこの問題をどう考えているのだろうか．聞き取り調査の他に，仲良くなったナース達との雑談の中で以下の2つの評価尺度を聞くことができた．自分に与えられたスケジュールを見て，希望する休みがもらえたか，いつ休みがもらえるかなど，自分の生活に直接関わってくる部分と，夜勤に誰と組むかといった勤務のやりやすさや，体調を良い状態で保てるスケジュール（シフトの並び）になっているか，患者をちゃんと観察できるよう日勤の間隔が

あき過ぎていないかなど，自分が与えるサービスの質に関わる部分をチェックするのだという．

経営者は，より良い医療や看護を提供すること以外にも「コスト最小化」を目指す．ナース・スケジューリングにおいて，コストは雇用費に関わるので，各部署に配属されるナースの数に影響する．

勤務表作成者は，配属されたナースの数やそのメンバーの特性を把握し，勤務表の良し悪しに影響を受ける患者の立場，ナースの立場を考慮してナース・スケジューリングを行っていることになる．

1.6 勤務表を作成する

この問題を解く際に突きあたった最大の難しさは，できあがった勤務表の評価である．与えた条件のすべてを満たした勤務表については問題ないが，いくつかの条件を満たせなかった複数の勤務表の比較が単純にはできないからである．個々の条件を守らない場合のペナルティを決めてペナルティの和で評価することも考えられるが，実際には，その組合せによって個々の条件の意味合い，特にナース制約条件の個々の意味合いが異なってくるため，不可能な場合が多い．

これらの難しさをどう解決するかについて検討し，勤務表を作成する際のアプローチを，(1) 各ナースのスケジュールの質を適正レベルに保ちつつ，各シフトに適切なナースを揃えようと考える，(2) 各シフトに適切なナースを揃えつつ，ナースのスケジュールの質を適正レベルに到達させようと考える，(3) これらを区別せずに，もしくは，条件の重要度の重みづけをして満たそうと考える，という3つに分けて考えた．

私には「ナース数の不足を訴えたい」という気持ちがあったので，1つ目の考え方を採用したが，幸運にも以下のような利点にも恵まれた．

シフト制約条件は，スキルレベルや担当患者によりチーム分けしたナースのグループに対し「各シフトへの勤務人数の上下限値を設定する」だけで扱うことができるが，ナース制約条件はその表現も複雑なうえ，その数はシフト制約条件よりはるかに多い．そして，これらの条件を定式化すると，各ナースのナース

制約条件群が互いに独立なブロック対角構造[2]を持つことがわかる．各ブロックに対して実行可能な解を求めておき，シフト制約条件を結合制約として扱うことは，探索空間を縮小する意味でも非常に効率が良い．

　一方，現場では，与えた条件をすべて満たす勤務表作成ができなかった場合，ナース制約条件を緩和して（ナースに我慢してもらって）作成することが多いという．シフト制約条件は満たさないわけにはいかないと考えられているからである．しかし，自らが勤務表を作成し，現場の勤務表作成者と議論を重ねるうちに，勤務表を手直しする際には，「ナース制約条件をいくつか満たしていない勤務表」をシフト制約条件を守ったまま実際に利用可能な勤務表に書き換えるより，「シフト制約条件をいくつか満たしていない勤務表」に対してナース制約条件の一部を適切に緩和して利用可能な勤務表に作り変える方がはるかに簡単であることがわかってきた．また，ナース制約条件をできる限り守った勤務表は，ナースの急な休みや勤務変更にも柔軟に対応できる利点も現実的には有効である．

　さらに，スケジューリングにおいてナースの数が足りない場合に病院内のナース・プールのナースや病院外の登録ナースを利用するといった「補ったナースにコストが発生する」タイプの，海外の問題にも適用可能である．シフト制約条件を満たさない度合い，つまり，ナース不足数の最小化をコスト最小化に読み替えることができるからである．

1.7　その先へ

　ナース・スケジューリングが，考慮すべき条件が無限に存在するような掴みどころのない問題に見えていた頃から，制約条件の構造や関係が立体的に見えてくるまでの間に，人間の評価尺度の難しさ，不思議さ，長期的な意味での「看護の質を守る」ことの難しさ，そして，多くの視点や考え方に遭遇することになった．

　次章以降では，ここで述べた考え方が実現できるような定式化やアルゴリズム，そして，この問題を扱う方法を考えてみたい．

---

[2] ブロック対角構造については，5章の図5.1を参照してほしい．

2章

ナース・スケジューリング

この章では，少し詳しくナース・スケジューリングを知ってみよう．

2.1 病棟ナースの勤務表

ナース・スケジューリングとは，ある期間（一般的には1ヶ月もしくは4週間）を対象に，病棟ナースの各日の勤務を決定する勤務表作成問題である．病院現場において，手作業で作成された3交替制勤務表を表2.1に示す．

3交替制では，日勤，準夜勤，深夜勤というシフトを持ち，1日を3つに分けた約8時間が対応づけられている．1日において朝8時から16時を日勤，16時から24時を準夜勤，24時から翌朝8時までを深夜勤とする等である．これは，深夜勤を1日の1番最後（実質的には翌日の時間帯）のシフトとした例であるが，1日を深夜勤，日勤，準夜勤の順で考えている病院もある．その場合，勤務表に表されている深夜勤は前者のものより24時間早い時間帯を指すことになるので，勤務表を正しく読み取るためには，どちらの単位で作成されているかを知っておく必要がある．

表2.1の勤務表は前者の単位で記述されている（1章の表1.1を含め，本書で紹介する勤務表はこの単位である）．勤務表の1列目にはナース名が書かれるが，ここではナース番号に置き換えてある．1行目に日付，2行目に曜日，そして，各行における各日の列に，対象ナースのその日の勤務内容の記号が示される．この例では，— が日勤，e が準夜勤，n が深夜勤，+ がセミナー等のその他の勤務（略して他勤務），/ が休みを示している．これらの記号は病院毎に異なり，同じ休みでも年休や週休等の種類を区別している場合もある．勤務表の各列の下には各シフトの勤務人数，各行の右には対象ナースのその月における休みの回数や各シフトの勤務回数が示されている．

2章 ナース・スケジューリング

表 2.1 3交替勤務表の例（現場で作成されたもの）

ナース番号	1 水	2 木	3 金	4 土	5 日	6 月	7 火	8 水	9 木	10 金	11 土	12 日	13 月	14 火	15 水	16 木	17 金	18 土	19 日	20 月	21 火	22 水	23 木	24 金	25 土	26 日	27 月	28 火	29 水	30 木	休み /	日勤 -	準夜勤 e	深夜勤 n	他勤務 +
A 1	-	-	/	n	n	/	/	e	-	-	e	e	/	e	-	e	e	e	n	/	/	e	e	e	e	/	/	-	-	-	9	11	6	4	+
2	n	n	/	-	e	e	e	-	n	-	e	e	+	n	n	-	e	n	-	-	e	e	n	n	n	e	-	e	e	e	9	8	7	5	1
3	-	-	-	-	e	e	-	n	n	/	/	-	e	e	-	e	e	/	-	-	-	n	-	n	n	/	/	e	-	-	10	12	4	4	0
4	-	e	e	e	/	/	-	/	e	e	/	n	e	e	n	n	-	e	+	e	-	-	-	-	/	/	-	-	e	/	9	9	5	6	1
5	-	n	n	-	/	n	n	-	-	-	e	-	n	-	e	e	-	/	e	n	-	e	-	e	n	e	-	-	n	/	9	10	3	6	0
A 6	e	e	/	/	e	e	e	-	e	-	n	n	-	-	e	-	-	n	-	-	e	-	e	e	e	n	-	-	-	-	11	12	4	5	0
7	e	e	n	-	-	-	e	-	e	+	-	-	e	-	-	-	-	-	-	+	-	e	-	n	n	e	e	-	e	n	9	9	6	4	2
8	e	-	-	-	-	-	e	-	e	e	e	e	-	e	e	e	-	-	e	+	-	e	e	-	n	-	/	-	-	n	9	13	6	2	1
9	e	-	n	n	e	e	-	n	/	-	n	-	-	-	-	-	-	-	-	n	+	e	-	e	/	-	-	e	-	-	9	12	4	5	1
10	+	-	-	e	e	-	e	-	-	-	/	-	e	e	+	-	-	n	e	-	-	-	-	n	-	n	e	e	-	n	10	15	3	2	2
11	n	n	-	e	e	-	-	-	+	-	e	n	-	-	n	e	-	-	-	-	e	-	n	-	-	-	n	e	e	-	10	10	6	2	2
12	-	-	-	-	-	-	-	-	-	-	e	-	-	n	+	n	e	e	e	-	-	-	-	/	-	-	-	-	-	-	9	11	6	4	0
13	-	-	-	-	e	e	e	-	-	-	-	-	e	-	-	+	-	-	e	+	-	e	e	-	e	-	-	-	-	-	10	15	4	2	0
14	e	/	/	e	-	-	+	-	-	-	-	n	n	e	e	-	-	e	n	-	e	e	-	-	n	n	/	-	-	-	9	14	6	3	1
15	-	-	-	-	e	-	e	n	e	+	-	-	e	-	e	e	-	n	n	e	-	-	-	-	e	-	n	e	e	n	9	7	6	6	1
16	n	-	e	e	-	n	e	e	n	-	e	e	e	-	n	n	-	-	e	+	-	n	n	-	n	n	-	n	n	-	9	10	7	4	0
17	e	/	/	-	-	-	-	-	-	-	-	-	e	-	n	+	e	-	-	-	e	-	e	-	/	/	e	-	n	-	9	7	6	6	2
18	/	/	-	n	n	e	-	-	-	-	-	-	-	-	n	-	-	n	-	n	-	+	-	-	/	-	-	-	-	/	9	15	4	6	1
B 19	-	-	e	e	e	e	e	-	-	-	-	-	+	-	-	-	-	e	e	e	e	-	e	e	-	-	-	-	+	+	11	7	5	0	2
20	-	e	-	-	e	e	e	-	e	e	e	e	-	e	-	e	-	-	e	-	-	e	-	e	e	e	e	e	+	e	9	18	1	6	1
21	/	/	-	-	e	e	e	e	-	-	-	-	-	e	e	e	-	-	e	-	-	-	-	-	-	-	-	-	+	-	9	14	6	4	2
22	+	-	-	e	-	e	-	-	-	-	e	-	-	e	n	-	e	-	-	e	-	n	e	n	/	n	-	-	+	e	9	13	4	2	1
23	-	e	e	n	n	-	-	n	n	e	e	e	-	e	e	-	-	e	-	-	-	-	e	-	-	e	e	e	e	n	9	11	7	2	1
24	e	/	/	-	-	-	-	-	-	-	n	n	e	n	-	-	-	-	-	-	-	-	-	-	e	-	e	e	-	-	9	12	5	4	0
25	-	-	n	-	e	e	e	-	-	-	n	-	-	-	-	e	-	-	-	-	-	n	-	-	-	-	-	-	-	-	9	13	3	5	0
日勤	8	10	7	11	8	12	11	9	9	11	8	10	10	9	12	10	10	10	7	11	9	9	8	9	9	7	10	10	11	11					
準夜勤	4	4	4	4	4	4	4	4	4	4	4	4	4	4	4	4	4	4	4	4	4	4	4	4	4	4	4	4	4	4					
深夜勤	3	3	4	4	3	3	3	3	3	3	3	4	4	3	2	3	3	3	3	3	3	3	3	3	3	3	3	3	3	3					

2.1 病棟ナースの勤務表

多くの場合，ナースはスキルレベルや担当患者でグループ分けされている．この例では，担当患者により，ナース1〜13，ナース14〜25，の2グループが意識できるようになっているが，スキルレベル的には，ベテラン，準ベテラン，新人とに分けて考えられており，各シフトにバランスよく配置されていた．

勤務表を縦に1列ながめると，その日の各シフトに誰が入っているかを把握できる．勤務表作成者は，勤務人数ばかりでなく各ナースのスキルレベルを考えながら各シフトの構成メンバーを決めている．例えば，勤務する人数が少なく看護師長も主任もいない夜勤帯のメンバーが新人ばかりになってしまえば，緊急事態に適切な判断ができない可能性もあるからだ．

勤務表を横に1行ながめると，対象ナースの1ヶ月のスケジュールを読み取ることができる．休みや各シフトの数は，ナースの間でできるだけ公平になるように考えられているという．ナース・スケジューリングに限らず，勤務表作成においては，公平感は重要な尺度である．

さて，読者は，この勤務表の例における「いつもnが2つ続いている→深夜勤は2回続けて勤務する」「nが2つ続いた後は/である→深夜勤の翌日は休みである」「eの後に‒や＋がない→準夜勤の翌日には日勤帯の仕事が入らない」「/と/の間は高々6日である→1週間に1度は休みが入る」といったシフトの並びに関する規則性に気づかれただろうか．1つの勤務が終了してから次の勤務までには十分な時間をあけることや，同一シフトの連続回数や間隔といったこれらの規則性は，ナースに無理な勤務をさせないためにできあがったものである．

しかし，勤務表をよく観察してみると，その規則性を守りきれていない部分もある．例えば，ナース11やナース14に4連続の準夜勤が入っていたり，ナース8の24日，ナース24の24日が，前後が休みとなる1日だけの孤立勤務となるなど，現場で避けたいと思われているシフト並びがある．また，勤務シフトの数を比べてみると，ナース5は休みの数が11回と多く，準夜勤の数が3回と少ない．ナース2は休みは9回で準夜勤が7回と多めである．もちろん，個々の体調を考慮してこれらの差をつけている場合もあるが，そうでないこともある．各ナースが多くの休み希望を出していたり，セミナーなど確定した勤務が多い場合，勤務表作成の自由度がなくなり，規則性や公平さのすべてを考慮す

2章 ナース・スケジューリング

ることが難しくなるからである．

勤務表作成者は，これらをできるだけ改善できるよう修正を繰り返すが，1つの記号（1ナースの1日分の勤務）の変更は，さらなる多くの変更を強いられる場合が多い．1つの記号が入ったセルは，1つの列と1つの行の交差点であり，縦に見た場合のシフトのメンバー構成にも，横に見た場合のシフト並びにも関わるからである．結果として，この勤務表作成は，もぐらたたき的な終わりのない作業になりがちである．

本書では，1章でも述べたとおり，縦に見た場合の「各シフトの業務に支障のないメンバー構成にする」ための条件をシフト制約条件 (shift constraint)，横に見た場合の「無理のない勤務並びにする」ための条件をナース制約条件 (nurse constraint) と呼ぶ．

表 2.1 の勤務表を作成する際に考えられていた制約条件の詳細は本章の最後の 2.5 節で紹介するが，それらは，Ikegami-3shift-DATA1 という名の問題例として，研究論文 [8, 29, 37, 45] やベンチマークサイト [57] に登場している．そして，ナース・スケジューリング研究者にとって，自身のアルゴリズムを評価するために挑戦する対象となった．

ここまでは，3交替制の例を使ってナース・スケジューリングを説明してきたが，日勤と夜勤で構成される2交替制勤務表の例も表 2.2 に示しておく．2交替制の夜勤は2日にわたる長い勤務であるので，Nn の2文字で1回の夜勤を表している．

2.1 病棟ナースの勤務表

表 2.2 2交替制勤務表の例（研究過程で作成したもの [27]）

ナース番号		1 金	2 土	3 日祝	4 祝	5 火	6 水	7 木	8 金	9 土	10 日	11 月	12 火	13 水	14 木	15 金	16 土	17 日	18 月	19 火	20 水	21 木	22 金	23 祝	24 日	25 月	26 火	27 水	28 木	29 金	30 土	休み	日勤	夜勤 Nn	他勤務 +
A	1	n	/	-	-	N	n	-	-	/	-	+	N	n	-	-	/	-	-	N	n	-	-	/	-	-	N	n	-	-	/	9	9	5	1
	2	/	N	n	-	-	/	N	n	-	-	N	-	-	/	-	N	n	-	-	/	N	n	-	-	/	-	N	n	-	-	9	11	5	0
	3	N	-	-	/	N	n	-	-	/	-	-	N	n	-	-	/	N	n	-	-	/	-	-	N	n	-	-	/	N	n	9	12	5	0
	4	/	-	N	n	-	-	/	N	n	-	-	/	N	n	-	-	/	N	n	-	-	/	N	n	-	-	/	N	n	-	10	12	4	0
	5	-	/	-	N	n	-	-	/	-	N	n	-	-	/	N	n	-	-	/	N	n	-	-	/	-	N	n	-	-	/	10	10	5	0
	6	-	-	N	n	-	/	-	-	N	n	-	-	/	-	N	n	-	-	/	-	N	n	-	-	/	-	-	N	n	-	9	13	4	0
	7	-	-	/	-	+	N	n	-	-	/	-	-	N	n	+	-	/	-	-	N	n	-	-	/	+	-	N	n	-	-	9	12	4	1
	8	N	-	/	-	-	+	N	n	-	/	-	N	n	-	-	/	-	-	N	n	-	-	/	-	N	n	-	-	/	-	10	8	5	2
	9	-	/	-	-	N	n	-	/	+	-	-	N	n	-	-	/	-	N	n	-	-	/	-	-	N	n	-	-	/	N	10	11	4	1
	10	/	-	-	-	N	n	/	-	-	N	n	-	-	/	-	N	n	-	-	/	-	N	n	-	-	/	-	-	N	n	10	12	4	0
B	11	-	N	n	-	-	/	-	N	n	-	+	/	-	N	n	-	-	/	-	-	N	n	-	-	/	N	n	-	-	/	10	9	5	1
	12	-	-	N	n	-	-	/	-	N	n	-	-	/	-	N	n	-	-	/	-	-	N	n	-	-	/	-	N	n	-	10	12	4	0
	13	/	N	-	N	n	-	-	/	-	-	N	-	-	/	N	n	-	-	/	-	N	n	-	-	/	-	-	N	n	-	10	10	5	0
	14	-	/	-	-	N	n	-	-	/	-	-	N	n	-	-	/	-	-	N	n	-	-	/	-	N	n	-	-	/	-	10	13	4	0
	15	+	/	N	n	-	-	/	-	N	n	-	-	/	N	n	-	-	/	N	n	-	-	/	-	N	n	-	-	/	N	10	10	4	1
	16	-	/	-	-	+	N	n	-	-	/	-	N	-	-	/	-	N	n	-	-	/	-	N	n	-	-	/	-	N	n	10	10	4	1
	17	-	-	/	-	N	n	-	+	/	-	-	N	n	-	+	/	-	-	N	n	-	-	/	-	N	n	-	-	/	-	10	10	4	1
	18	-	-	/	N	n	-	-	/	N	n	-	+	/	N	n	-	-	/	-	N	n	-	-	/	N	n	-	-	/	-	10	11	4	1
	19	N	-	/	N	-	-	N	n	-	-	/	-	N	-	-	N	n	-	-	/	-	N	n	-	-	N	n	-	-	/	10	18	0	2
C	20	-	/	-	-	N	n	-	-	/	-	N	n	-	-	/	-	-	N	n	-	-	/	-	N	n	-	-	/	-	N	9	11	5	0
	21	-	/	-	N	n	-	-	/	-	-	N	n	-	-	/	-	-	N	n	-	-	/	-	N	n	-	-	/	N	n	10	10	5	0
	22	-	N	-	-	/	-	+	N	n	-	-	/	-	N	n	-	-	/	-	N	n	-	-	/	-	N	n	-	-	/	9	10	5	1
	23	-	/	-	-	-	N	+	/	-	N	n	-	-	/	-	N	n	-	-	/	-	N	n	-	-	/	-	-	N	n	9	12	4	1
	24	/	-	N	n	-	-	/	N	n	-	-	/	-	N	n	-	-	/	N	n	-	-	/	N	n	-	-	/	N	n	10	10	5	0
	25	-	-	N	n	-	-	N	n	-	-	/	-	N	n	-	-	/	-	N	n	-	-	/	-	N	n	-	-	/	N	10	10	5	0
	26	/	-	-	-	N	n	+	-	/	-	N	n	-	-	/	-	N	n	-	-	/	N	-	-	/	-	N	n	-	-	9	12	4	1
	27	/	-	N	n	-	-	N	-	/	-	-	N	n	-	-	/	+	-	N	n	-	+	/	-	N	n	-	-	/	-	9	10	4	2
	28	/	/	-	-	-	N	n	-	-	N	-	-	/	-	N	n	-	-	/	-	N	n	-	-	/	-	N	n	-	-	10	15	3	0
日勤		11	9	9	11	14	10	11	10	11	10	10	10	11	10	10	10	9	10	10	11	10	11	9	10	15	10	10	10	10	10				
夜勤		4	4	4	4	4	4	4	4	4	4	4	4	4	4	4	4	4	4	4	4	4	4	4	4	4	4	4	4	4	4				

表2.2は，夜勤が夕方16時から翌朝8時までの病棟の勤務表であるが，日勤と夜勤がちょうど12時間ずつの2交替制もある．その場合，12時間勤務の日勤以外にもっと短いもの（例えば8時間勤務の日勤）を用意して，夕方の時間帯の人数を調整することが多い．

2交替制の勤務表も，作成の考え方は3交替制のものと同じなので，本書では同じモデルで扱うことにするが，2交替制の夜勤の長さは3交替制の準夜勤や深夜勤より長いので，夜勤の回数や並びの条件が厳しいことを容易に想像してもらえると思う．

2.2 ナース・スケジューリングの研究

前節で紹介した勤務表から，現場のベテラン師長にとっても勤務表作成が難しいものであることがわかっていただけただろうか．

オペレーションズ・リサーチ (OR: operations research)，最適化 (optimization) の分野では，この問題をナース・スケジューリング (nurse scheduling) と呼び，満足する解を得ることがことが難しい組合せ最適化問題 (combinatorial optimization problem) として扱ってきた．イギリスでは，この問題をナース・ロスタリング (nurse rostering)，勤務表のことをロスタ (roster) ということも多い．また，あまり多くはないが，勤務表をロタ (rota) ということもある．

ナース・スケジューリング研究は，1970年代にアメリカで始まった [7, 49, 66] と考えられている．アルゴリズムを構築して適用しただけでは思うような解（勤務表）を得ることが難しかったことから，1980年代には，解の修正を前提とした意思決定支援システムの導入が提案された [9]．その後，アメリカからはナース・スケジューリング論文が見られなくなったが，これは，アメリカでは保険制度の影響でスケジューリングの自由度が低く，ナース・スケジューリング研究の必要性がなくなったからだともいわれる．著者が2000年にアメリカの病院を訪問した際には，「きめ細かな考慮が可能な日本の勤務表作成がうらやましい」との意見をきいた．

一方，ナース・スケジューリングの解決を望む国は多く，1996年に著者が新しいナース・スケジューリングのモデルを提案 [26] した頃から，例えば1998年に

2.2 ナース・スケジューリングの研究

は，日本，イギリス，カナダから一斉に論文 [19,27,38,47,56] が出始めた．多くの論文は，メタヒューリスティック・アルゴリズム (metaheuristic algorithm) を評価するための問題例として，解くことが困難なこの問題を選んだものであった．その理由の一つには，メタヒューリスティックス (metaheuristics) の考え方が世に広まった直後だったことが考えられる．

メタヒューリスティックスとは，近似解法を統合したり発展させたりした枠組みのことである．代表的なものとしては，シミュレーテッド・アニーリング (simulated annealing)，タブー探索 (tabu search)，遺伝アルゴリズム (genetic algorithm) 等があり，さらに，それらを統合・変形したものも多くある．探索履歴を利用し，解の生成と評価を繰り返しながら探索を行うが，履歴の記憶方法や利用方法について様々なアイデアが存在する [64]．メタヒューリスティックスを詳しく知りたい読者には，オペレーションズ・リサーチ誌の 2013 年 12 月号の特集「はじめようメタヒューリスティクス」を勧めたい．

さて，当時，著者が研究を進めるために非常に苦労したこと，一般的に考えてもナース・スケジューリング研究の進展を妨げていただろうと思えることがあった．それは，ほとんどの論文が，その論文の中で解いた問題例のデータを公開していなかったため，他の研究者が自らの成果を既存研究の結果と比較できなかったことである．著者が「自分が論文を書く際には必ず問題例のデータを公開しよう」と決心したのは，この苦労を経験したおかげである．

その中で，Millar and Kiragu [47] は，1998 年にネットワーク構造に基づく整数計画問題としてこの問題に取り組み，当時の海外では唯一，問題例データを公開していた．この問題例については，本章の 2.4 節で詳細を紹介するが，問題サイズは非常に小さく，8 人のナースの 2 週間分のスケジューリングである．

論文でのデータ公開をうれしく思った著者は，Millar 先生に連絡し，自分の論文 [29] に彼らのデータや結果を載せたいとお願いした．快諾を得て無事に論文を仕上げることができたこともあり，Millar 先生にはとても感謝している．この問題例は，ナース・スケジューリングの理解に役立つので，読者には，ぜひ 2.4 節でこの問題例を解いていただきたい．

その後，世界中の多くの研究者がナース・スケジューリングに取り組み，ノッティンガム大学 (University of Nottingham) が提供しているベンチマークサイ

ト (Employee Shift Scheduling Benchmark Data Sets [57]) も広く知られるようになった．ナース・スケジューリングが活性化した時期の論文を調べるには，Burke らのサーベイ論文 [11] が詳しい．

これまでの研究の中では，ナース・スケジューリングは，何をもって最適な解（勤務表）とするかの評価が難しいだけでなく，たとえ評価尺度を定義できたとしても，解を得ること自体が難しい組合せ最適化問題として知られてきた．そして，論文のほとんどが後者に着目し，ヒューリスティック・アルゴリズムを提案するものであった．その傾向は今も続いている [13, 14, 46]．

一方，近年の最適化汎用ソルバーの高性能化により，目的関数や制約条件を規定できれば，厳密最適解を得ることも可能になってきた．2.1 節の問題例 Ikegami-3shift-DATA1 についていえば，（ノッティンガム大学のベンチマークサイトの記録によると）データの公開後，他の研究者たちに取り組まれた [45] ものの，著者が与えた目的関数値 6 の最良解 [29] を更新する結果は，しばらく出てこなかった．2009 年，Curtois の列生成に基づくアルゴリズムによって目的関数値 5 の解に更新され [57]，さらに今では，最適化汎用ソルバーの IBM ILOG CPLEX Optimizer [24]（以降，CPLEX と呼ぶ）や Gurobi Optimizer [21]（以降，Gurobi と呼ぶ）によって，厳密最適解（目的関数値 2）が得られるようになった．汎用ソルバーによる厳密最適解については 3.6 節に詳しく述べるが，充足可能性判定問題 (SAT: satisfiability problem) として記述して，SAT ソルバーで厳密最適解を得た成果もある [37]．

一般整数計画問題のアルゴリズム研究や汎用ソルバー開発の進展の下，今後の研究の興味は，アルゴリズムの構築だけでなく，評価尺度（目的関数）をどのように与え，最適解をどう評価するかや，解の修正の可能性を把握するために多様な解を得ることに向かうと考えられる．そしてそのためには，実行可能解や良解の空間を把握する仕組みが必要だろう．

本書では，ナース・スケジューリングの最適化モデルを構築するところから，著者らが提案してきたアルゴリズムの枠組み [27-30] を使って，解の空間把握を目指す [5, 35] ところまでを紹介する．

2.3 勤務表作成のための制約条件

ナース・スケジューリングにおける制約条件を整理しておく．

2.3.1 シフト制約条件

毎日のシフトに必要な人数や適切なメンバーを確保するために，合計人数だけでなくスキルレベルや担当患者等で分けられたナースグループからの「各シフトにおける勤務人数」の上下限を設定する条件である．1人のナースは複数のグループに所属しており，例えば，担当患者によりAチームに所属すると同時に，スキルレベル的にはベテラングループに所属するといったことが一般的である．

シフト制約条件は，例えば「夜勤には合計で4人，Aチーム，Bチーム，Cチームからそれぞれ1人以上とし，新人同士の勤務を避け，ベテランが1人以上含まれるようにする」場合，ナース全員，Aチーム，Bチーム，Cチーム，新人，ベテランに対応する6種類のグループ（ナースの集合）を考え，毎日の夜勤に対して，グループからの勤務人数の（下限，上限）をそれぞれ，(4,4), (1,2), (1,2), (1,2), (0,1), (1,4) と設定する．それ以外でも，一緒に勤務することを避けるナース達がいた場合，そのナースで構成されるグループ（集合）を考え，そのグループからの勤務人数の上限を1と設定する．

2.3.2 ナース制約条件

各ナースの社会的な生活や健康を守り，士気を保つために，休みや勤務の希望を考慮したり，無理な勤務にならないよう考慮したりする条件である．具体的には，各ナースについて大きく3つ，そして(3)についてはさらに詳しく3つを考える

(1) 対象期間における各シフトの勤務回数や休み回数に，下限と上限を設定する．
(2) 確定している勤務，休みや勤務の希望を達成し，不可能勤務を避ける．
(3) 禁止されるシフトの並びを避ける．
    a) 同一シフトの連続日数の下限と上限を設定する．
    b) 同一シフトが連続しない場合のその間隔日数の下限と上限を設定する．
    c) 異種シフトを含む禁止シフト並びを避ける．

例えば，対象期間1ヶ月に対し，(1)については，休みを9回か10回としたければ，下限9，上限10を設定する．(2)については，勤務表上にそのまま反映するわけだが，セミナー等「その他の勤務」は，指定されている日以外は不可能勤務扱いになる（スケジューリングで割当対象としない）．(3)のa)については，深夜勤は必ず2日間続ける必要がある場合，深夜勤連続の下限も上限も2に設定する．b)については，深夜勤が終了したら次の深夜勤まで必ず3日あける必要がある場合，深夜勤の間隔に下限3を設定する．1日だけの孤立勤務を避け，週に1回は休みを入れる必要があれば，休みの間隔日数に下限2，上限6を設定する．c)については，勤務と勤務の間に16時間以上あける必要があれば，準夜勤直後の日勤，深夜勤直後の日勤や準夜勤の並びを禁止する．この(3)の制約は，前月末からの並びについても考慮することが必要である．

過去の勤務表を観察すると，一般的に人数を揃えるシフト制約条件が重視され，「ナースの休み希望を諦める」といったナース制約条件の緩和が見られる．このことから，多くの論文で，ナース・スケジューリングで考慮されている制約条件を，絶対守るべきハード制約条件(hard constraint)と，できれば守りたいソフト制約条件(soft constraint)に分けて考え，本節で説明したナース制約条件の一部をソフト制約条件として扱うことにより，これらを守っていない解を与える場合が多い．Burkeらのサーベイ論文[11]やBruckerの論文[10]でも，「多くのナース・スケジューリングのモデルは，ハード制約条件とソフト制約条件に分けているのに，Ikegami and Niwa [29] は，シフト制約条件とナース制約条件に分けている」と，著者らの提案モデルが他の研究者と視点が異なることを紹介している．

著者の主張は，ナース・スケジューリングについては，安易にハード制約条件とソフト制約条件に分けるべきでなく，制約の性質を重視した扱いができる「シフト制約条件とナース制約条件という分け方（考え方）」の方が適しているというものである．ナース制約条件の緩和は，各ナースの体調や気持ちを十分把握している人間にしかできないということを，1.6節でも述べた．したがって，アルゴリズムが提供する解は，たとえ一部のシフト制約条件を満たせていなくても，すべてのナース制約条件を満たしたものであるべきで，現場の勤務表作成者（師長や主任）に，「最終的にシフト制約条件を満たすために行うナー

ス制約条件の緩和」の自由度を提供するべきだと考えるのである.

2.4 勤務表を作成してみよう

ナース・スケジューリングの制約条件をより理解するために,読者には,サイズが小さく比較的解きやすい問題例を対象に,ナース・スケジューリングを体験していただきたい.

表2.3は,Millarらの論文[47]で紹介された2交替制ナース・スケジューリング問題例に対する,彼らの結果の勤務表である.シフトは,日勤,夜勤の2種類(ともに12時間勤務)であり,勤務表ではそれぞれDとNで表されている.ナース数は8,スケジューリング対象期間は2週間である.ナースは,スキルレベルや担当患者等でグループ分けされておらず,前期間のスケジュールとのつながりは考えなくてもよいことになっている.

表 2.3 Millar らの 結果 [47]

ナース番号	1月	2火	3水	4木	5金	6土	7日	8月	9火	10水	11木	12金	13土	14日	休み	日勤D	夜勤N	週末連休
1			N	N		N	N		D	N					7	2	5	1
2	N	N			D				N	N		D	D		7	3	4	1
3				D	N	N		D		D	D				7	4	3	1
4			N	N		D	D	N			N	N			7	2	5	1
5	N	N			D	D				D	N	N			7	4	3	1
6			D	D	N			N	N				D	D	7	4	3	1
7	D	D	D					D	N			N	N		7	4	3	1
8	D	D		D	D					D			N	N	7	5	2	1
D	2	2	2	2	2	2	2	2	2	2	2	2	2	2				
N	2	2	2	2	2	2	2	2	2	2	2	2	2	2				

研究者の間では,2.1節の問題例は初めて解くには難しすぎるので,ナース・スケジューリング研究を目指す場合,まずは,Millarの問題例から取り組むべきだとの話も出ている.

この問題例に与えられた制約条件は,以下のとおりである.

■シフト制約条件
0. 各日の各シフトにおいて,2人のナースが勤務しなければならない.

2章 ナース・スケジューリング

■ナース制約条件

各ナースに対し，以下を考慮する：
1. 休みを7回以上を確保する．
2. 週末（土日）連休を1回以上確保する．
3. 連続勤務は4日までしか許されない．
4. 夜勤の翌日の日勤（NDとなる並び）は許されない．
5. 夜勤は3連続までしか許されない．

可能であれば
6. 前後の日が休みとなる1日だけの孤立勤務を避ける．
7. 4連続勤務を避ける．避けられない場合は直後の2日間を休みにする．

Millarらの結果は，必ず守るべき制約条件0~5をすべて満たしている．しかし，孤立勤務が3ヶ所，4連続勤務が1ヶ所存在している．また，制約条件に与えられてはいないものの，シフトの回数に関するナース間の公平さが足りていないようにも見える（公平さを考えると，できれば日勤も夜勤も4回以内に収めたい）．

読者には，表2.4の空の勤務表を利用して，ナース・スケジューリングに挑戦していただきたい．まずは，制約条件0~5まで満たす勤務表を目指し，次に，制約条件7まで満たすもの，最後に，可能なら，シフトの数まで考慮した勤務表を作っていただきたい．

表 2.4　空の勤務表

ナース番号	1月	2火	3水	4木	5金	6土	7日	8月	9火	10水	11木	12金	13土	14日	休み	日勤 D	夜勤 N	週末連休
1																		
2																		
3																		
4																		
5																		
6																		
7																		
8																		
D																		
N																		

ナース・スケジューリング初体験の読者が，手作業で制約条件 0～5 まで満たす勤務表を作成できたならば，非常に素晴らしい結果だと思う．

参考までに，この問題例に対する別の結果（著者らの結果 [29]）を表 2.5 に示す．すべての制約条件を満たすとともに，シフトの数も公平になっていることが確認できると思う．

表 2.5 著者らの結果 [29]

ナース番号	1月	2火	3水	4木	5金	6土	7日	8月	9火	10水	11木	12金	13土	14日	休み	日勤 D	夜勤 N	週末連休
1				D	D				D	D		N	N		7	4	3	1
2	N	N			D	N	N			D	D				7	3	4	1
3	D	D	N			D	N				N				7	4	3	1
4	D	D	D			N	N								7	3	4	1
5				D	N			N	N			D	D	D	7	4	3	1
6			D	N	N			N	N				D	D	7	3	4	1
7	N	N				D	D	D			D	N			7	4	3	1
8			N	N			D	D				D	N	N	7	3	4	1
D	2	2	2	2	2	2	2	2	2	2	2	2	2	2				
N	2	2	2	2	2	2	2	2	2	2	2	2	2	2				

2.5 問題例

ここで，2.1 節で紹介した問題例 Ikegami-3shift-DATA1 の詳細データを紹介しておく．

問題例 (Ikegami-3shift-DATA1) は，25 人のナースの 30 日分の勤務表作成である．ナース 1～13 が A チーム，ナース 14～25 が B チーム，ナース 1～6，ナース 14～18 がベテラン，ナース 25 が準ベテラン，ナース 7～13，ナース 19～24 が新人である．よって，全員，A チーム，B チーム，A チームのベテラン，B チームのベテラン，B チームのベテランと準ベテラン，B チームの新人と準ベテランというグループを考える．さらに，準夜勤と深夜勤では組ませたくないペア（ナース 1 と 9）があるので，その 2 人だけのグループを加えた，全部で 8 つのグループを考えている．なお，ナース制約条件におけるシフトの並びについては，前月末からの並びも考慮しなければならないため，前月末のスケジュールも与えられている．

2章 ナース・スケジューリング

■シフト制約条件

各日各シフトの各ナースグループからの勤務人数の上限と下限を，表2.6に示す．ここで示す「B準ベテラン」とは，Bチームのベテランと準ベテランで構成されるグループ，「B準新人」とは，Bチームの新人と準ベテランで構成されるグループのことである．

■ナース制約条件

(1) 各ナースの各シフトの勤務回数の下限と上限を，表2.7に示す．
(2) 前月末6日分のスケジュール，休み希望やセミナー等の確定勤務を，表2.8に示す．
(3) a) 同一シフトの連続日数の下限と上限，b) 同一シフトの間隔日数の下限と上限を，表2.9に示し，c) 禁止シフト並びを図2.1に示す．

表2.9では，例えば，許される連続日数の上限は，休みが5日，日勤が4日，準夜勤が3日であり，深夜勤だけは必ず2連続で行う．そして，1日だけの孤立勤務を禁止し，7日に1度は休みが入るよう，休みの間隔日数は下限2と上限6である．また，日勤も7日に1度は入るよう，間隔日数は上限6である．ちなみに，日勤間隔の上限設定の理由は，日勤が離れすぎると患者との会話の機会がなくなり，その症状や状況を把握することが難しくなるからだという．

図2.1では，0～8時間しかあかないシフトの並びと，深夜勤，休みと続いた直後の日勤帯の勤務（日勤やその他の勤務）が禁止されている．

この問題例に対し，病院現場で作成された勤務表（表2.1）は，39のシフト制約条件と71のナース制約条件を満たすことができていない．また，2009年のMétivierら結果[45]も，63のシフト制約条件を満たしていない．これらの結果からも，この問題例が最近まで「解くことが難しい問題」として知られていたことがわかっていただけると思う．

これに対し，2.2節でも述べたが，2003年の著者らの結果[29]は6つのシフト制約条件，2009年のCurtoisの結果[57]は5つのシフト制約条件だけを満たさないものであった．さらに，その後に得られた最適解[37]は，シフト制約条件をたった2つだけ満たさない勤務表となっている．

最適解を1つ得るだけでなく，最適解に近い良解を得ることも困難だったこ

の問題例に対し，その後の研究 [23] では，1つ最適解を得ることができれば，それと同等な解（他の最適解）を複数列挙できるようになってきた．そのうちの1つの勤務表を，表2.10に紹介しておく．制約条件を満たしていない部分は，8日の深夜勤の合計人数が4になっていること（1人過剰），11日の「Bチームのベテランと準ベテラン」グループの深夜勤勤務者がいないこと（1人不足）の2つである．

なお，この問題例は，現在でも，ヒューリスティック・アルゴリズム (heuristic algorithm) を評価するためのベンチマークとして，利用されている [8,39]．

Ikegami-3shift-DATA1 に関する補足説明

表2.8では前月末の6日分しか示していないため明確になっていないが，ナース3には，前月末8日間に日勤が1回もなかった．ナース7についても，前月末6日間に日勤が1回もなく，月末が準夜勤だった（翌日1日を日勤にできない）ため，問題を解く前に実行不可能であることが明らかであった．したがって，実行可能な問題例とするために，ナース3とナース7の月初に関しては，日勤間隔の上限をそれぞれ8と7にする必要があった．

論文 [29] やベンチマークサイト [57]，そして本書では，この説明を省くため，表2.8において，元々のデータに対し，「ナース3の1日を日勤」，「ナース7の1日を休み」，「ナース7の2日を日勤」という3つの確定勤務を加えて，問題例を記述している．

2章 ナース・スケジューリング

表 2.6 問題例 (Ikegami-3shift-DATA1) のシフト制約条件における下限と上限

グループ番号		全員 1,...,25						A 1,...,13						B 14,...,25						A ベテラン 1,...,6						B ベテラン 14,...,18						B 準ベテラン 14,...,18,25						B 準新人 19,...,25						夜間禁止ペア 1,9					
ナース番号		日勤		準夜勤		深夜勤		日勤		準夜勤		深夜勤		日勤		準夜勤		深夜勤		日勤		準夜勤		深夜勤		日勤		準夜勤		深夜勤		日勤		準夜勤		深夜勤		日勤		準夜勤		深夜勤		日勤		準夜勤		深夜勤
シフト	曜日	下	上	下	上	下	上	下	上	下	上	下	上	下	上	下	上	下	上	下	上	下	上	下	上	下	上	下	上	下	上	下	上	下	上	下	上	下	上	下	上	下	上	下	上	下	上	下	上
1	水	8	11	4	4	3	3	4	6	2	2	1	2	2	6	2	2	1	2	2	3	1	1	1	1	1	3	1	1	0	1	2	4	1	1	0	2	2	4	1	1	0	2	0	2	0	1	0	1

(表の詳細データは省略)

26

2.5 問題例

表 2.7 問題例 (Ikegami-3shift-DATA1) のナース制約条件 (1) シフト勤務回数の下限と上限

チーム	ナース番号	スキルレベル	休み		日勤		準夜勤		深夜勤	
			下限	上限	下限	上限	下限	上限	下限	上限
A	1	ベテラン	9	10	0	15	4	6	2	4
	2	ベテラン	9	10	0	14	4	6	3	6
	3	ベテラン	9	10	0	14	4	6	3	6
	4	ベテラン	9	10	0	14	4	6	3	6
	5	ベテラン	9	10	0	14	4	6	3	6
	6	ベテラン	9	10	0	14	4	6	3	6
	7	新人	9	10	0	15	4	6	2	4
	8	新人	9	10	0	15	4	6	2	4
	9	新人	9	10	0	15	4	6	2	4
	10	新人	9	10	0	15	4	6	2	4
	11	新人	9	10	0	15	4	6	2	4
	12	新人	9	10	0	17	2	2	2	2
	13	新人	9	10	0	15	4	6	2	4
B	14	ベテラン	9	10	0	14	4	6	3	6
	15	ベテラン	9	10	0	14	4	6	3	6
	16	ベテラン	9	10	0	14	4	6	3	6
	17	ベテラン	9	10	0	14	4	6	3	6
	18	ベテラン	9	10	0	14	4	6	3	6
	19	新人	9	10	0	17	2	4	0	4
	20	新人	9	10	0	15	4	6	2	4
	21	新人	9	10	0	15	4	6	2	4
	22	新人	9	10	0	15	4	6	2	4
	23	新人	9	10	0	15	4	6	2	4
	24	新人	9	10	0	15	4	6	2	4
	25	準ベテラン	9	10	0	14	4	6	3	6

2章 ナース・スケジューリング

表 2.8 問題例 (Ikegami-3shift-DATA1) の前月末のスケジュールとナース制約条件 (2) 休み希望と確定勤務

(−：日勤, e：準夜勤, n：深夜勤, +：その他の勤務, /：休み)

2.5 問題例

表 2.9 問題例 (Ikegami-3shift-DATA1) のナース制約条件 (3) a) b) の下限と上限

		連続日数		間隔日数	
		下限	上限	下限	上限
/	休み	1	5	2	6
−	日勤	1	4	1	6
e	準夜勤	1	3	1	∞
n	深夜勤	2	2	6	∞

| n | − | | n | + | | n | e | | e | − | | e | + | | n | / | − | | n | / | + |

図 2.1 問題例 (Ikegami-3shift-DATA1) のナース制約条件 (3) c) 禁止シフト並び

2章　ナース・スケジューリング

表 2.10　問題例 (Ikegami-3shift-DATA1) の最適解となる勤務表

ナース番号	1水	2木	3金	4土	5日	6月	7火	8水	9木	10金	11土	12日	13月	14火	15水	16木	17金	18土	19日	20月	21火	22水	23木	24金	25土	26日	27月	28火	29水	30木	休ミ	日勤	準夜勤	深夜勤	他勤務
1	-	n	n	-	e	e	/	-	-	-	-	-	-	e	e	-	-	-	-	-	-	-	-	e	e	/	/	/	-	-	9	13	4	4	0
2	-	n	/	e	e	/	-	-	-	-	n	-	-	+	-	n	-	-	e	e	/	-	-	n	n	/	/	/	e	e	9	10	5	5	1
3	-	-	/	/	-	-	e	e	/	/	n	n	-	-	e	e	/	-	-	n	n	/	/	e	e	/	-	-	-	n	9	11	5	5	0
4	/	-	/	n	n	-	-	e	e	/	-	e	e	/	/	-	n	n	-	+	-	e	e	/	-	-	-	n	n	-	9	12	4	4	1
5	-	-	-	-	-	n	n	/	e	e	/	/	-	-	e	e	/	-	n	n	/	/	e	e	/	-	e	e	/	-	10	8	6	6	0
A 6	e	e	/	-	-	-	e	e	/	-	-	-	n	n	-	e	e	/	-	-	-	n	n	-	e	e	/	-	-	e	10	11	6	6	0
7	-	-	-	/	-	-	n	n	/	-	e	e	/	-	-	-	n	n	-	-	e	e	/	-	n	n	/	/	e	e	10	11	5	5	0
8	n	n	-	-	-	/	-	e	e	/	-	-	-	-	n	n	-	-	e	e	/	-	-	-	n	n	/	-	-	-	10	12	4	4	0
9	-	-	-	/	/	-	n	n	-	e	e	/	-	-	-	-	n	n	-	-	e	e	/	-	-	e	e	/	-	-	10	12	4	4	2
10	+	/	/	-	-	e	e	/	+	/	-	-	n	n	/	+	/	-	e	e	/	-	-	-	+	/	-	-	n	n	9	13	4	4	2
11	-	e	/	/	-	-	-	-	n	n	-	e	e	/	+	/	-	-	e	e	/	-	n	n	-	-	e	e	/	-	9	14	2	2	1
12	-	e	/	n	n	-	e	e	/	-	-	-	-	e	e	/	+	/	-	n	n	-	-	-	e	e	/	e	e	/	10	15	2	2	1
13	e	/	-	-	-	-	e	e	/	-	-	-	n	n	-	e	/	e	e	/	-	-	n	n	-	-	e	e	-	n	10	11	6	6	2
14	n	n	-	-	-	-	e	e	/	-	+	/	-	-	e	e	/	n	n	-	-	e	e	/	-	/	n	n	-	-	9	8	6	6	1
15	-	-	-	-	n	n	-	-	-	e	e	/	/	n	n	-	e	e	/	-	e	e	/	n	n	/	/	-	-	-	9	11	6	4	0
16	e	/	-	e	e	/	e	e	/	e	e	/	+	/	-	n	n	-	+	/	e	e	/	e	n	n	-	-	n	n	10	8	6	4	2
17	e	/	/	/	-	-	n	n	/	-	n	n	/	-	-	-	n	n	/	+	/	-	n	n	-	-	-	e	e	/	9	10	6	4	1
18	/	/	-	-	-	-	-	-	e	e	n	n	/	-	e	e	-	-	e	n	n	/	-	-	-	-	e	e	n	n	10	6	6	4	1
B 19	-	-	-	-	-	-	-	+	n	n	-	e	e	/	e	e	/	-	e	e	/	-	e	e	-	e	e	/	-	-	9	14	3	2	2
20	-	-	-	-	-	-	/	+	n	n	-	-	e	e	/	-	e	e	/	-	e	e	/	-	e	e	/	e	-	/	10	12	5	2	1
21	-	/	/	/	-	-	-	-	e	e	/	-	-	e	e	/	-	-	e	e	/	n	n	-	e	e	/	-	+	/	10	13	4	2	2
22	+	-	-	-	e	e	/	-	/	-	-	e	e	/	-	-	-	e	e	/	-	-	n	n	-	-	-	e	+	/	10	11	4	4	1
23	e	/	-	-	-	e	e	/	-	n	n	/	-	-	e	e	-	n	n	-	n	n	-	e	e	/	-	e	+	/	9	13	5	2	2
24	e	/	-	-	-	/	/	-	n	n	-	-	-	e	e	n	n	-	-	e	e	/	e	e	/	-	-	e	e	-	10	13	5	2	0
25	-	-	/	/	n	n	-	-	-	e	e	-	n	n	/	-	-	-	n	n	/	-	-	e	e	/	9	4	4	e	e	9	11	4	6	0
日勤	8	8	11	11	8	11	9	7	7	10	10	10	10	10	10	8	10	10	10	11	9	11	13	9	9	7	9	10	10	10					
準夜勤	4	4	4	4	4	4	4	4	4	4	4	4	4	4	4	4	4	4	4	4	4	4	4	4	4	4	4	4	4	4					
深夜勤	3	3	3	3	3	3	3	3	3	3	3	3	3	3	3	3	3	3	3	3	3	3	3	3	3	3	3	3	3	3					

2.6 他の勤務表作成との違い

　ナース・スケジューリング以外の勤務表作成にはどんなものがあるだろうか．
　一般的に考えて，毎日の勤務時間帯や勤務内容が定まっている職場には必要ないと思われる．逆にいえば，日毎に勤務スタッフが異なったり，個々のスタッフから見て日毎の勤務時間帯が異なる職場には必要である．病院や介護施設，警備関係や一部の工場のように 24 時間稼働，もしくはそれに準ずる長さで稼働する航空や鉄道といった交通機関の職場，警察や消防，電力，ガス，水道といった 24 時間を通して緊急対応が必要な職場，そして，アルバイトやパートタイム・スタッフが主力となるような職場に必要といえる．
　一般に，勤務表作成は苦労が多く，時間も労力も気も使うものとして知られている．研究面からすると，航空会社の乗務員スケジューリング (crew scheduling) は，古くから多くの研究がある．国内でも，鉄道乗務員スケジューリングは，膨大な数の「常に移動する列車」との組合せも考慮しなくてはいけないため，非常に難しい問題として知られている．列車の運行を止めるわけにはいかないため，非常時に対する待機要員を持つなど，余裕をもった人員体制で対応することになる．
　一般的な勤務表作成は，スタッフ・スケジューリング (staff scheduling, employee scheduling, labor scheduling)，シフト・スケジューリング (shift scheduling) といわれることが多い．論文においては，これらの厳密な違いはあまり意識されていないように思われるが，staff scheduling はオフィスワーカ，labor scheduling は現場ワーカ，employee scheduling は一般的従業員を対象にしているのと解釈もある [59]．また，シフト・スケジューリングは，2 交替（日勤と夜勤）や 3 交替（日勤と準夜勤と深夜勤）のように対象シフトが限られているのではなく，始まりの時間も終わりの時間も自由度がある場合の「様々な可能シフトを作成しながら」スケジューリングする意味を含むという解釈もある．
　そんな中でのナース・スケジューリングの特徴，他の勤務表作成との違いを簡単に紹介しておく．
　著者がナース・スケジューリング研究を始めた頃，構築したモデルを紹介していて，よく質問されたことは，「24 時間を対象とした交替制勤務なら，3 直 2

交替，4直3交替[1]といった安定したシステムが工場などで確立しているのではないか」ということだった．例えば，休業日なしの3交替制（日勤，準夜勤，深夜勤）に対する4直3交替では，同じ人数の4つのグループを設定し，常にグループ内の同じメンバーでローテーションするシステムである．1日における各シフトに3グループがそれぞれ勤務し，1グループが休みになる[2]．決められた日数でローテーションするので，勤務者にとっては数ヶ月先までの予定がわかる仕組みである．

このシステムを3交替制の病棟ナースに適用できない理由の1つに，シフト毎に勤務人数が異なることがある．つまり，同じメンバーで異なるシフトにローテーションすることができない．また，同じメンバーで繰返し勤務することは好まないという話もある．また，別な理由として，数ヶ月先まで確定している勤務予定に自分の予定をあわせるより，規則性なく発生するイベント（結婚式，法事，他）にあわせて休み希望を出したいという要望があるともきいた．

乗務員スケジューリング，訪問看護や訪問介護のスタッフ・スケジューリングでは，移動時間なども考慮しながら，対象の業務（フライトや列車や看護/介護サービス）を具体的に割り当て，結果として各スタッフの各日のスケジュールが決まる．飲食店や小売店等では，アルバイト等が主力であることも多いため，勤務時間に柔軟性を持たせるよう，様々なシフトを作成しながらのシフト・スケジューリングになっている．これらは，2交替制や3交替制といった限られたシフト（自由度のない時間帯）にナースを割り当てるナース・スケジューリングとは，割り当てる対象が異なるといえる．

我が国，さらに他の多くの国でも，一般にナースはどのシフトも勤務可能なローテーション・ナースである．したがって，各ナースにとって無理な勤務にならないよう，勤務シフトの並びに対しては非常に多くの制約が課される．これは，ここで述べた他の勤務表作成と異なる，ナース・スケジューリングの特徴であり，解を得ることを難しくしている要因でもある．一方，アルバイト等が主力

---

[1] 「直」という言葉は，日勤，宿直，当直といったように「勤務」を表すが，場所によって使われ方が微妙に異なるようである．広辞苑には，「つとめ」「当番」とある．

[2] 言い換えると，休みを含む4×単位日数分の勤務スケジュールを作っておいて，単位日数分ずつずらしたものを4つのグループに割り当てる，サイクリック・スケジューリング（5章の表5.1を参照）である．

2.6 他の勤務表作成との違い

の職場では，個々スタッフの勤務可能時間帯が限られていることが多く，勤務可能な時間帯に割り当てておけば，日の間での制約がほとんどなくなり，解を得るという意味では，比較的扱いやすいものとなる．

3章

組合せ最適化問題としての定式化

　これまでの章では，各ナースの心身の健康状態を十分把握した人間でない限り，「適切なナース制約条件の緩和ができない」という事実に加え，シフト制約条件をすべて守った解においては「シフト制約条件を満たしたままの修正が困難である」こと，そして，ナース制約条件をすべて守った解が，「適切なナース制約条件の緩和を可能とする」だけでなく「シフト制約条件をすべて満たした解への修正を容易にする」ことを述べてきた．

　本章では，現場に提供する暫定的な解を得るために，ナース制約条件をすべて守った下で，できる限りシフト制約条件を満たすような最適化モデルを考える．したがって，この最適化モデルにおける目的は「シフト制約条件を違反する度合いの最小化」である．

　このモデルは，海外（例えばイギリス）で見られる，病院内ナース・プールや外注ナース（病院外の登録ナース）を利用している現場においても有効である．ナース・プールとは部署に所属していないナース達のことであり，日によって人手不足が起きる部署にその都度応援にいくための人材である．ナース・プールのナースで補えない場合は，外注ナースを依頼することになる．したがって，補ったナースにかかるコストを最小化することが目的になっているため，提案モデルで扱うことができる．

3.1　組合せ最適化問題

　本書では教科書的な内容は省略するつもりでいるが，モデル (model) を数式で表す定式化 (formulation) において必要なキーワードや考え方を簡単に説明しておく．最適化に詳しい読者は，この節をスキップいただきたい．

3章　組合せ最適化問題としての定式化

　最適化，数理最適化 (mathematical optimization)，数理計画 (mathematical programming) は，ほぼ同じ意味で使われていることが多いが，本書では，最適化という言葉を使うことにする．本シリーズの「刊行にあたって」にも述べたように，最適化は，モデリング (modeling)，アルゴリズム (algorithm)，数理 (mathematics) の 3 つの要素で構成される．

　モデリングされた結果がモデルである．このモデルという言葉は，定式化と同じ意味で使われる場合があるが，モデルは必ずしも数式で表したものである必要はなく，数式で表す定式化より少し大きな概念だと考える．また，問題とモデルも同じ意味で使われることが多い．問題・モデルに具体的な数値パラメタが与えられたものを問題例 (problem instance) という．

　最適化問題は，制約条件の下で目的を最大限に達成する問題であり，定式化の際には，目的関数 (objective function) と制約式 (constraint) 群で記述する．モデルにおける意思決定に関わる変数は，意思決定変数 (decision variable) と呼ばれ，我々が知りたい結果を表すものである．つまり，最適化問題を解くと（連立方程式を解くときと同じように），変数に値が入った結果（解）が得られるのである．

　制約条件をすべて満たした解は実行可能解 (feasible solution) と呼ばれ，最小化問題であれば目的関数値が最小となる実行可能解，最大化問題であれば目的関数値が最大となる実行可能解が，最適解 (optimal solution)[1] となる．そして，そのときの目的関数の値は最適値 (optimal value) と呼ばれる．また，制約条件をすべて満たす解が存在しない（と明らかになっている）問題は，実行不可能 (infeasible) といわれる．

　最適化問題を，変数が連続的な値をとる連続最適化問題 (continuous optimization problem) と，離散的な値をとる離散最適化問題 (discrete optimization problem) に分けて考えると，ナース・スケジューリングは後者の問題である．シフトをナースに割り当てるといった割当構造を持つことから，意思決定変数は 0 か 1 しか値をとらない 0-1 変数 (0-1 variable / binary variable) であることが多い．変数の値 1 を「割り当てる」，値 0 を「割り当てない」に対応

---

[1] 厳密に最適であることを強調して厳密最適解ということもある．

3.1 組合せ最適化問題

させるためである.

連続最適化問題の中で, 目的関数も制約式も線形であるものを線形計画問題 (LP: linear programming problem) という. そして, 線形計画問題における変数の値が整数に限られた問題を整数計画問題 (IP: integer programming problem), もしくは整数線形計画問題 (ILP: integer linear programming problem) という (線形整数計画問題ということもある). また, 一部の変数の値が整数に限られている場合は, 混合整数計画問題 (MIP: mixed integer programming problem) という. さらに, 変数の値が 0 か 1 に限られた問題を 0-1 整数計画問題 (0-1 integer programming problem) という. ナース・スケジューリングのモデルは 0-1 整数計画問題であるともいえるが, 組合せ的構造があることから, 一般的には組合せ最適化問題とみなされることが多い. ちなみに, 組合せ最適化問題は 0-1 整数計画問題として定式化できる.

なお, CPLEX [24], Gurobi [21], SCIP [67] 等の最適化汎用ソルバーは, 問題例のデータを上記の問題のパラメタとして記述すれば, 最適解を求めてくれる, もしくは探索途中における最良解を暫定解 (incumbent solution) として提供してくれるものである.

次節からは, ナース・スケジューリングのモデルを様々な視点で考えられるよう, 意思決定の単位が異なる複数の定式化を示す[2]. 定式化は, 図 3.1 に示すような形をとるものとする.

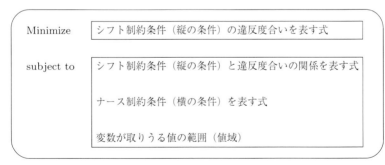

図 **3.1**　定式化

---

[2] この章から数式がたくさん登場する. 本書内で参照する式の右側に式番号をつけた. また, 読者の便宜を考えて, 鍵になりそうな式にも番号をつけてある.

37

3章 組合せ最適化問題としての定式化

3.2 定式化におけるパラメタ

定式化で利用する記号のうち，問題例の入力データ（パラメタ）を表す部分を以下に示す．もし具体的な問題例が与えられたら，これらの記号にそのデータの値を代入すればよいのである．ここで，通常のシフトでないその他の勤務（他勤務）の日程はすでに確定していること（スケジューリング対象外）を前提とする．

なお，変数を表す記号や，必要に合わせて追加する記号については，その都度説明することにする．

記号

$M = \{1, 2, \ldots, m\}$：ナースの集合．

$N = \{1, 2, \ldots, n\}$：スケジューリング対象日の集合．

$W = \{\text{shift1}, \text{shift2}, \ldots, \text{shift}w\}$：シフト（例：日勤，夜勤，休み）の集合．

$W^+ = W \cup \{\text{他勤務}\}$：集合 W にその他の勤務（他勤務）を加えた集合．

$R = \{r \mid r \text{ はグループ}\}$：スキルレベルや担当患者で分けられたグループの集合．

$G_r = \{i \mid \text{ナース } i \text{ はグループ } r \text{ に所属}\}, r \in R$：グループ r に所属するナースの集合．

$F_1 = \{(i, j, k), i \in M, j \in N, k \in W^+ \mid \text{ナース } i \text{ の日 } j \text{ はシフト } k \text{ に確定}\}$：確定勤務の集合．

$F_0 = \{(i, j, k), i \in M, j \in N, k \in W \mid \text{ナース } i \text{ の日 } j \text{ のシフト } k \text{ は不可能}\}$：不可能勤務の集合．

$Q = \{(k_0, k_1, \ldots, k_t), k_0, k_1, \ldots, k_t \in W^+ \mid \text{シフト } k_0, k_1, \ldots, k_t \text{ 連続勤務は禁止}\}$：禁止シフト並びの集合．

$a_{rjk}, b_{rjk}, r \in R, j \in N, k \in W$：日 j のシフト k に対するグループ r からの人数のそれぞれ下限と上限．

$c_{ik}, d_{ik}, i \in M, k \in W$：ナース i のシフト k の回数のそれぞれ下限と上限．

$e_k, f_k, k \in W$：シフト k の連続日数のそれぞれ下限と上限．

$u_k, v_k, k \in W$：シフト k の間隔日数のそれぞれ下限と上限．

2.5 節の問題例（データ）でいえば，ナース数が $m = 25$，スケジューリング

3.2 定式化におけるパラメタ

対象日数が $n = 30$ なので，ナースの集合は $M = \{1, \ldots, 25\}$，対象日の集合は $N = \{1, \ldots, 30\}$ である．

シフトの集合は $W = \{$ 日勤，準夜勤，深夜勤，休み $\}$ とし，セミナー等のその他の勤務（他勤務）は確定勤務なのでシフトの集合 W の要素とはせず，別の集合 $W^+ = W \cup \{$ 他勤務 $\}$ を用意しておく．そして，休みや他勤務も集合要素として扱うときは，便宜上シフトということにする．

グループの集合は，

$R = \{$ 全員, A, B, A ベテラン, B ベテラン, B 準ベテラン, B 準新人, 夜間禁止ペア $\}$

であり，各グループに所属するナースの集合[3]は，表 2.6 の一番上の行に示すように，

$G_\text{全員} = M = \{1, \ldots, 25\},$
$G_A = \{1, \ldots, 13\},$
$G_B = \{14, \ldots, 25\},$
$G_\text{A ベテラン} = \{1, \ldots, 6\},$
$G_\text{B ベテラン} = \{14, \ldots, 18\},$
$G_\text{B 準ベテラン} = \{14, \ldots, 18, 25\},$
$G_\text{B 準新人} = \{19, \ldots, 25\},$
$G_\text{夜間禁止ペア} = \{1, 9\}$

となる．

確定勤務の集合は，表 2.8 の対象期間に記入された記号それぞれが要素となる．例えば，ナース 2 の 1 日が深夜勤，2 日が休みに確定していることは，それぞれ (2, 1, 深夜勤)，(2, 2, 休み) という要素で表すので，

$F_1 = \{$ (2, 1, 深夜勤), (2, 2, 休み), (2, 9, 休み), $\ldots$, (24, 25, 休み), (24, 26, 休み) $\}$

となる．また，この問題例では（たまたま）シフトに関する不可能勤務がなかっ

---

[3] 2.5 節で述べたように，ナースは A チームと B チームに分かれている．A チームはベテラングループと新人グループに分かれているが，新人グループの人数には制約がないため，ナースグループとして設定していない．B チームの準ベテランであるナース 25 は，状況によってベテラン扱いすることも，新人扱いすることもある．よって，B チームのベテランにナース 25 を加えたグループを B 準ベテラン，B チームの新人にナース 25 を加えたグループを B 準新人と呼ぶことにした．

3章 組合せ最適化問題としての定式化

たので，他勤務に指定されていない日に他勤務が入らないよう，

$$F_0 = \{ (i, j, 他勤務) \mid ナース i の日 j は他勤務に指定されていない \}$$

とする．そして，禁止シフト並びの集合は，図 2.1 が示すように，

$$Q = \{ (深夜勤, 日勤), (深夜勤, 他勤務), (深夜勤, 準夜勤), (準夜勤, 日勤),$$
$$(準夜勤, 他勤務), (深夜勤, 休み, 日勤), (深夜勤, 休み, 他勤務) \}$$

となる．

各日各シフトに対する各グループからの人数の下限 a_{rjk} と上限 b_{rjk} は表 2.6，各ナース各シフトの回数の下限 c_{ik} と上限 d_{ik} は表 2.7，各シフトの連続日数の下限 e_k と上限 f_k，間隔日数の下限 u_k と上限 v_k は表 2.9 に示したとおりである．

次節以降に，これらの記号を使って，意思決定の単位の異なる定式化を 3 つ示す．1 つ目は，各ナースの各日の「1 日分の勤務」の単位，つまり勤務表の 1 つのセルに対応するので，おおよそナース数 × 日数 ×「勤務種類（休みも含む）数（3〜5 程度）」の意思決定が必要である．2 つ目は，各ナースの「1 ヶ月分のスケジュール」の単位，つまり勤務表の 1 行に対応する．おおよそナース数 ×「1 ヶ月分の可能スケジュール数（数百万）」の意思決定が必要である．3 つ目はその間で，各ナースの各週の「1 週間分のスケジュール」の単位であり，おおよそナース数 × 週数 ×「1 週間分の可能スケジュール数（数百）」の意思決定が必要である．

3.3 各ナースの各日の勤務内容を組み合わせる定式化

各ナースの各日の単位でシフトを決定することで，最適な組合せを見つける問題として定式化する [26, 29, 37]．

意思決定変数

ナース i が日 j のシフト k に勤務するとき 1，そうでないとき 0 となる 0-1 意思決定変数 x_{ijk} を使う．

1 日に可能な勤務（休みを含む）は 1 つなので，各ナースの各日について，以

3.3 各ナースの各日の勤務内容を組み合わせる定式化

下の関係を忘れてはいけない.

$$\sum_{k \in W^+} x_{ijk} = 1$$

3交替制の問題例なら，i と j の値を変えながら，人数 × 日数 $(m \times n)$ の数だけ以下の式を考えることになる.

$$x_{ij\,日勤} + x_{ij\,準夜勤} + x_{ij\,深夜勤} + x_{ij\,休み} + x_{ij\,他勤務} = 1$$

式中の変数は，0か1しか値をとれない（0.5とかを許さない）ものなので，1つのシフトに関する変数のみ1になり，残りの変数は0になる．言い換えると，「1日に1つのシフトのみ割り当てる」という関係を表している．ただし，他勤務に指定されている日は少ないので，多くの式において $x_{ij\,他勤務} = 0$（後述のナース制約条件(2)で F_0 の要素に対し0に設定）であり，以下の意味になっている.

$$x_{ij\,日勤} + x_{ij\,準夜勤} + x_{ij\,深夜勤} + x_{ij\,休み} = 1$$

これに加えて，例えば準夜勤や深夜勤が禁止されている日は，後述のナース制約条件(2)で対応する変数が0に設定され，以下の意味を持つ式になる.

$$x_{ij\,日勤} + x_{ij\,休み} = 1$$

つまり，このナースのこの日は日勤か休みしか許されないことになる.

■シフト制約条件

各日各シフトの各グループからの勤務人数の下限と上限を考慮する制約式は，グループ $r \in R$，日 $j \in N$，シフト $k \in W$，下限 a_{rjk}，上限 b_{rjk} について，

$$a_{rjk} \leq \sum_{i \in G_r} x_{ijk} \leq b_{rjk}$$

と表せる.

そして，下限を満たせない度合い（不足人数），上限を超過した度合い（過剰人数）を表す非負変数 $\alpha_{rjk}^-, \alpha_{rjk}^+$ との関係を表すように制約式を変更し，目的

関数で $\alpha_{rjk}^-, \alpha_{rjk}^+$ の値を最小化することを考える．変更した制約式は，

$$a_{rjk} - \alpha_{rjk}^- \leq \sum_{i \in G_r} x_{ijk} \leq b_{rjk} + \alpha_{rjk}^+$$

となり，目的関数は，

$$\text{Minimize} \quad \sum_{r \in R} \sum_{j \in N} \sum_{k \in W} (\alpha_{rjk}^- + \alpha_{rjk}^+)$$

とできる．対象シフトの人数過不足の重要度を意識したい場合には，便宜的にではあるが，$\alpha_{rjk}^-, \alpha_{rjk}^+$ が値を持つことに対するペナルティを考え，それぞれを w_{rjk}^-, w_{rjk}^+ とすると，目的関数は以下のように表せる．

$$\text{Minimize} \quad \sum_{r \in R} \sum_{j \in N} \sum_{k \in W} (w_{rjk}^- \alpha_{rjk}^- + w_{rjk}^+ \alpha_{rjk}^+)$$

本章の初めに述べたように，w_{rjk}^- の値を外注ナースに関わるコスト（雇用費）に置き換えることもできる．

なお，シフト制約条件は休み以外の各シフトに関して課せられるので，ここで対象とする W を $W \setminus \{\text{休み}\}$ に置き換えてもよいし，休みの人数に下限や上限が意味を持たないよう，$a_{rj\text{休み}} = 0, b_{rj\text{休み}} = m, i \in M, j \in N$ と暗黙的に設定されていると解釈してもよい．本書では，できるだけシンプルに式を表現するため，後者の表現を採用する．

■ナース制約条件

(1) 勤務シフトの回数の下限と上限を守る制約式は，ナース $i \in M$，シフト $k \in W$，下限 c_{ik}，上限 d_{ik} について，以下のように表せる．

$$c_{ik} \leq \sum_{j \in N} x_{ijk} \leq d_{ik}$$

(2) セミナー等の確定勤務や休み希望を達成するために，確定しているナース i の日 j のシフト k，$(i, j, k) \in F_1$ は，

$$x_{ijk} = 1$$

3.3 各ナースの各日の勤務内容を組み合わせる定式化

逆に，不可能なナース i の日 j のシフト k, $(i,j,k) \in F_0$ は，

$$x_{ijk} = 0$$

と固定する．

(3) 禁止されるシフトの並びを避けるために，下に示す a), b), c) を考える．

ここで示すシフト並びの制約式は，日 j を基に日 j までの数日におけるシフトの並びを対象にする．そうすることによって，前月末からの並びも考慮できるからである．前月末の各日の勤務を表す x_{ijk} は，すでに 0 か 1 の値が確定していると考えてほしい（$i \in M$, $j \in \{0, -1, -2, \ldots\}$, $k \in W$）．

a) 同一シフトの連続日数

ナース $i \in M$ のシフト $k \in W$ の連続日数の下限 e_k を守るために，日 $j \in N$ までの $e_k + 1$ 日分の変数を使って，以下の制約式を考える．

$$\sum_{h=2}^{e_k} x_{i \cdot j-h \cdot k} - (e_k - 1)x_{i \cdot j-1 \cdot k} + (e_k - 1)x_{ijk} \geq 0$$

例えば，$e_k = 3$, $j = 4$ で，この制約式を表してみると，

$$x_{i1k} + x_{i2k} - 2x_{i3k} + 2x_{i4k} \geq 0$$

となる．ナース i の 3 日がシフト k で，4 日がシフト k でない場合（$x_{i3k} = 1$, $x_{i4k} = 0$ の場合），左辺が 0 以上になるためには，$x_{i1k} = 1$, $x_{i2k} = 1$ となり，シフト k が 3 日続くことを保証する．ナース i の 3 日がシフト k でない場合（$x_{i3k} = 0$ の場合）もしくは 4 日がシフト k の場合（$x_{i4k} = 1$ の場合），この制約式は（左辺が必ず 0 以上になるので）意味を持たなくなる．

次に，ナース $i \in M$ のシフト $k \in W$ の連続日数の上限 f_k を守るために，日 $j \in N$ までの $f_k + 1$ 日分の変数を使って，以下の制約式を考える．

$$\sum_{h=0}^{f_k} x_{i \cdot j-h \cdot k} \leq f_k$$

連続する $f_k + 1$ 日に関する x_{ijk} がすべて 1 になる，つまり，シフト k の連続

3章 組合せ最適化問題としての定式化

勤務が上限 f_k を超えることを禁止している.

b) 同一シフトが連続しない場合の間隔日数

ナース $i \in M$ のシフト $k \in W$ の間隔日数の下限 u_k を守るために,他のシフトを挟んで隣り合う2つのシフト k (2日分) の間の日数が1以上 $(u_k - 1)$ 以下とならないよう,日 $j \in N$ までの3日分の変数を使った式から,日 $j \in N$ までの $(u_k + 1)$ 日分の変数を使った式までの複数の式,具体的には $(u_k - 1)$ 個の式を考える.ここでは,この複数式を表すために,$t \in \{2, 3, \ldots, u_k\}$ を利用し,以下のように表す.

$$x_{i \cdot j - t \cdot k} - \sum_{h=1}^{t-1} x_{i \cdot j - h \cdot k} + x_{ijk} \leq 1$$

例えば,$u_k = 4$,$j = 5$ でこの制約式を表してみると,以下の3式になる.説明の便宜上,t を 4 から 1 ずつ 2 まで減らしながら表す.

$$x_{i1k} - x_{i2k} - x_{i3k} - x_{i4k} + x_{i5k} \leq 1 \qquad j = 5,\ t = 4$$

$$x_{i2k} - x_{i3k} - x_{i4k} + x_{i5k} \leq 1 \qquad j = 5,\ t = 3$$

$$x_{i3k} - x_{i4k} + x_{i5k} \leq 1 \qquad j = 5,\ t = 2$$

また,説明のため,$j = 4, t = 2, 3$ と $j = 3, t = 2$ に対する式も以下に示しておく.

$$x_{i1k} - x_{i2k} - x_{i3k} + x_{i4k} \leq 1 \qquad j = 4,\ t = 3$$

$$x_{i2k} - x_{i3k} + x_{i4k} \leq 1 \qquad j = 4,\ t = 2$$

$$x_{i1k} - x_{i2k} + x_{i3k} \qquad \leq 1 \qquad j = 3,\ t = 2$$

$j = 5$, $t = 4$ の式を見ると,1日と5日がシフト k だった場合 ($x_{i1k} = 1$, $x_{i5k} = 1$ の場合),左辺の値が1以下になるためには,$x_{i2k}, x_{i3k}, x_{i4k}$ のうち少なくとも1つが1になる必要がある.そこで,場合分けして考えると,

(i) $x_{i2k} = 1$ だった場合,$j = 5$, $t = 3$ の式から x_{i3k} か x_{i4k} が1になる必要

がある．$x_{i3k} = 1$ なら，$j = 5, t = 2$ の式から $x_{i4k} = 1$ となる必要があり，$x_{i4k} = 1$ なら，$j = 4, t = 2$ の式から $x_{i3k} = 1$ となる必要があるので，結果として 1 日から 5 日のすべてがシフト k になる．

(ii) $x_{i3k} = 1$ だった場合，$j = 3, t = 2$ の式から $x_{i2k} = 1$，$j = 5, t = 2$ の式から $x_{i4k} = 1$ となる必要があり，結果として 1 日から 5 日のすべてがシフト k になる．

(iii) $x_{i4k} = 1$ だった場合，$j = 4, t = 3$ の式から x_{i2k} か x_{i3k} は 1 になる必要があり，$x_{i2k} = 1$ なら $j = 4, t = 2$ の式から $x_{i3k} = 1$，$x_{i3k} = 1$ なら $j = 3$，$t = 2$ の式から $x_{i2k} = 1$ となる必要があるので，結果として 1 日から 5 日のすべてがシフト k になる．

ただし，もしもシフト k の連続日数の上限が 5 未満であれば，ここで示した (i), (ii), (iii) の状況は禁止されるので，1 日と 5 日の両方がシフト k になることはありえないことになる．

次に，ナース $i \in M$ のシフト $k \in W$ の間隔日数の上限 v_k を守るために，日 $j \in N$ までの $v_k + 1$ 日分の変数を利用して，以下のように表す．

$$\sum_{h=0}^{v_k} x_{i \cdot j-h \cdot k} \geq 1$$

$v_k + 1$ 日間に少なくとも 1 回シフト k が入れば，間隔日数の上限 v_k を守れる．例えば，$v_k = 6, j = 7$ で，この制約式を表してみると，

$$x_{i1k} + x_{i2k} + x_{i3k} + x_{i4k} + x_{i5k} + x_{i6k} + x_{i7k} \geq 1$$

となる．シフト k 以外の日 ($x_{ijk} = 0$) が 7 日続かないようにしている．

c) 異種勤務を含む禁止シフト並びを禁止する

ナース $i \in M$ の日 $j \in N$ までの日が，禁止シフト並び $(k_0, k_1, \ldots, k_t) \in Q$ にならないよう，対応する変数がすべて一緒に 1 になることを禁止する．

$$\sum_{h=0}^{t} x_{i \cdot j-t+h \cdot k_h} \leq t$$

例えば（深夜勤，休み，日勤）が禁止されているならば（集合 Q の要素ならば），

$j=3$ で，この制約式を表してみると，

$$x_{i1\text{深夜勤}} + x_{i2\text{休み}} + x_{i3\text{日勤}} \leq 2$$

右辺の値 2 は，禁止シフト並びの長さより 1 少ない値を示すもので，この例では，3 つの変数のすべてが 1 になることを禁止している．

　以上を，まとめて定式化として以下に示す．

定式化 1

$$\text{Minimize} \quad \sum_{r \in R} \sum_{j \in N} \sum_{k \in W} (w^-_{rjk} \alpha^-_{rjk} + w^+_{rjk} \alpha^+_{rjk}) \tag{3.1}$$

subject to

$$a_{rjk} - \alpha^-_{rjk} \leq \sum_{i \in G_r} x_{ijk} \leq b_{rjk} + \alpha^+_{rjk} \qquad r \in R,\ j \in N,\ k \in W \tag{3.2}$$

$$c_{ik} \leq \sum_{j \in N} x_{ijk} \leq d_{ik} \qquad i \in M,\ k \in W \tag{3.3}$$

$$x_{ijk} = \tau \qquad (i,j,k) \in F_\tau,\ \tau \in \{0,1\} \tag{3.4}$$

$$\sum_{h=2}^{e_k} x_{i \cdot j-h \cdot k} - (e_k - 1) x_{i \cdot j-1 \cdot k} + (e_k - 1) x_{ijk} \geq 0$$
$$i \in M,\ j \in N,\ k \in W \tag{3.5}$$

$$\sum_{h=0}^{f_k} x_{i \cdot j-h \cdot k} \leq f_k \qquad i \in M,\ j \in N,\ k \in W \tag{3.6}$$

$$x_{i \cdot j-t \cdot k} - \sum_{h=1}^{t-1} x_{i \cdot j-h \cdot k} + x_{ijk} \leq 1$$
$$i \in M,\ j \in N,\ k \in W,\ t \in \{2, 3, \ldots, u_k\} \tag{3.7}$$

3.3 各ナースの各日の勤務内容を組み合わせる定式化

$$\sum_{h=0}^{v_k} x_{i \cdot j-h \cdot k} \geq 1 \qquad i \in M,\ j \in N,\ k \in W \quad (3.8)$$

$$\sum_{h=0}^{t} x_{i \cdot j-t+h \cdot k_h} \leq t \qquad i \in M,\ j \in N,\ (k_0, k_1, \ldots, k_t) \in Q \quad (3.9)$$

$$\sum_{k \in W^+} x_{ijk} = 1 \qquad i \in M,\ j \in N \quad (3.10)$$

$$x_{ijk} \in \{0, 1\} \qquad i \in M,\ j \in N,\ k \in W^+ \quad (3.11)$$

$$\alpha_{rjk}^-, \alpha_{rjk}^+ \geq 0 \qquad r \in R,\ j \in N,\ k \in W \quad (3.12)$$

その他の考慮項目に対する対応

定式化には基本制約だけを表したが,土日祝祭日等にあたる2連休を考慮するため,その数の下限 $l_i^{\text{w-off}}$,上限 $u_i^{\text{w-off}}$ を設定する場合には,連休対象となる1日目の集合を H とし,その日 j からの2連休を確保したか否かを表す変数 $y_{ij}, i \in N,\ j \in H$ を使って,以下のような制約式を考えることができる.

$$x_{ij\text{休み}} + x_{i \cdot j+1 \cdot \text{休み}} - y_{ij} \leq 1 \qquad i \in M,\ j \in H \quad (3.13)$$

$$x_{ij\text{休み}} + x_{i \cdot j+1 \cdot \text{休み}} - 2y_{ij} \geq 0 \qquad i \in M,\ j \in H \quad (3.14)$$

$$l_i^{\text{w-off}} \leq \sum_{j \in H} y_{ij} \leq u_i^{\text{w-off}} \qquad i \in M \quad (3.15)$$

式 (3.13) では,$x_{ij\text{休み}}$ と $x_{i \cdot j+1 \cdot \text{休み}}$ の両方が1になると y_{ij} も1になり,式 (3.14) では,どちらか一方でも0になると y_{ij} も0になる.式 (3.14) は,以下の2式で表すこともできる.

$$y_{ij} \leq x_{ij\text{休み}} \qquad y_{ij} \leq x_{i \cdot j+1 \cdot \text{休み}} \qquad i \in M,\ j \in H \quad (3.16)$$

また,新人ナースの教育期間には,あるナースがシフトに入る場合に,その指導役になるナースがいなくてはならない場合がある.そのような場合は,(考慮対象ナース i,対象日 j,対象シフト k,指導可能ナースの集合 T^{tutor}) の集合を T とすれば,以下の制約を加えることができる.

3章 組合せ最適化問題としての定式化

$$x_{ijk} \leq \sum_{i' \in T^{\text{tutor}}} x_{i'jk} \qquad (i,j,k,T^{\text{tutor}}) \in T \quad (3.17)$$

各シフトにおける不足人数や過剰人数に許される上限をつけたい場合には，式 (3.12) の代わりに，以下のようにそれぞれの上限 u_{rjk}^- や u_{rjk}^+ をつけたものを考えることもできる．

$$0 \leq \alpha_{rjk}^- \leq u_{rjk}^- \qquad r \in R,\ j \in N,\ k \in W \quad (3.18)$$

$$0 \leq \alpha_{rjk}^+ \leq u_{rjk}^+ \qquad r \in R,\ j \in N,\ k \in W \quad (3.19)$$

万が一，ナース制約条件の一部をソフト制約条件として扱う場合には，シフト制約条件の式 (3.2) で行ったように，制約を違反した場合の違反量を表す変数を用意し，その変数ができる限り値を持たないように目的関数で最小化することになる．

例えば式 (3.9) では，禁止シフト並びが採用されると左辺が $t+1$ になるので t 以下に制約してあるが，ナース i の日 j までの並び違反を表す変数 $z_{ij}^{(k_0,k_1,\ldots,k_t)}$ を用意し，この変数を式 (3.9) の右辺に加えて，禁止シフト並びが採用されると値が 1 になる仕組み，式 (3.20) を作る．

$$\sum_{h=0}^{t} x_{i \cdot j-t+h \cdot k_h} \leq t + z_{ij}^{(k_0,k_1,\ldots,k_t)}$$
$$i \in M,\ j \in N,\ (k_0,k_1,\ldots,k_t) \in Q \quad (3.20)$$

そして，目的関数に

$$\sum_{(k_0,k_2,\ldots,k_t) \in Q} w_{ij}^{(k_0,k_2,\ldots,k_t)} z_{ij}^{(k_0,k_2,\ldots,k_t)}$$

の項を加えて，最小化することができる．ここで，$w_{ij}^{(k_0,k_2,\ldots,k_t)}$ はその並びを採用した場合のペナルティとする．

しかし，ナース制約条件を緩和する場合には，元の制約を違反する量が一部のナースに偏らないような工夫を忘れてはならない．例えば，ナース毎に違反量の総和に上限をつけたり，違反量の最大値を表す変数を用意し，これを最小化することなどが必要である．

さらに，もしも各ナースにとっての各日のシフトに優先順位をつけて考慮したい場合があれば，対象シフトに割り当てた場合のペナルティ w_{ijk} を用意し，

$$\sum_{i \in M} \sum_{j \in N} \sum_{k \in K} w_{ijk} x_{ijk}$$

を目的関数に加えて，ペナルティの総和を最小化することも考えられる．

定式化1の基本制約に対し，ここで挙げた対応を必要に応じて組み合わせれば，多くの現場の問題に対応できるばかりでなく，国際会議で催されるコンペ等で用意されたベンチマーク問題など，研究用に作成された問題例にも対応可能になると考えられる（ちなみに，研究用に作成された問題例の中には，乱数などで制約が設定され多少現実的ではないものも存在する）．

さて，話は少し前に戻るが，定式化1における，同一シフトの連続日数の下限をを守るための式(3.5)や間隔日数の下限を守るための式(3.7)は，理解するのも説明するのもそんなに簡単ではない．実例を挙げながらできる限りわかりやすく説明したつもりだが，読者に理解していただけただろうか．

ちなみに，この2つの制約式は乾伸雄氏が作成したもの[37]である．著者は，研究を始めた頃[26]，これらの式を作成するのが難しかったので，同一シフトの連続日数の下限や間隔日数の下限を守らないすべてのシフト並びを禁止シフト並びとして集合 Q に登録し，すべて式(3.9)を使って表していた．

このように，同じ変数を使って同じ意味の制約条件を表現する場合にも，何通りもの方法がある場合がある．また，その結果，適用すべきアルゴリズムが異なったり，同じアルゴリズムを適用しても解を得る速度が異なる場合がある．例えば，最適化汎用ソルバーを使って問題を解く際に，どの形の式が適しているか（効率良く解を得るか）については，本書で詳しく扱わないが，現実的には重要なことである．読者には，宮代隆平氏のWebページの「整数計画法メモ」[51]や2012年のオペレーションズ・リサーチ誌4月号の特集「はじめよう整数計画」の中の「整数計画ソルバー入門」[52]を読むことを勧めたい．

3.4 各ナースの1ヶ月分のスケジュールを組み合わせる定式化

定式化1の制約式において，シフト制約条件に直接関わるのは，式(3.2)だけ

であり，式 (3.3)〜(3.9) は，すべてナース制約条件を表すものであった．人数を揃えようとする式 (3.2) は，すべてのナースに関わるものであるが，式 (3.3)〜(3.9) は，ナース毎に独立である（式中には，1 ナースに関わる変数しか出てこない）．

本節で紹介する定式化 [27, 29] は，ナース毎にナース制約条件の式 (3.3)〜(3.9) を満たす部分解を意思決定の単位に考える．この節での部分解とは，勤務表の 1 行分のスケジュールを指す．そのナースにありえるスケジュール（実行可能スケジュール）がすべて用意されているものとして，その中から 1 つ選んで勤務表を作成するという考え方である．

意思決定変数

ナース i に実行可能スケジュール p を割り当てるときに 1，そうでないときに 0 となる意思決定変数 λ_{ip} を使う（変数の名前は x_{ip} でもよいのだが，定式化 1 と区別できるよう，ここでは明らかに違う名前にしておく）．

記号

P_i: ナース i の実行可能スケジュールの集合．ナース i の実行可能スケジュール $p \in P_i$ は δ_{ipjk}（ナース i のスケジュール p において日 j の勤務がシフト k なら 1，そうでなければ 0）で表現することにする．

図 3.2 に，実行可能スケジュール p とそれを表す δ_{ipjk} の値を示す．$j = 1, \ldots, 30$ は，各行の左から順に対応する．

p	e	e	/	−	+	n	n	/	/	−	−	e	/	/	−	/	−	−	e	e	/	−	e	n	n	/	/
δ_{ipj} 日勤	0	0	0	1	0	0	0	0	0	1	1	0	0	0	1	0	1	1	0	0	0	1	0	0	0	0	0
δ_{ipj} 準夜勤	1	1	0	0	0	0	0	0	0	0	0	1	0	0	0	0	0	0	1	1	0	0	1	0	0	0	0
δ_{ipj} 深夜勤	0	0	0	0	0	1	1	0	0	0	0	0	0	0	0	0	0	0	0	0	0	0	0	1	1	0	0
δ_{ipj} 休み	0	0	1	0	0	0	0	1	1	0	0	0	1	1	0	1	0	0	0	0	1	0	0	0	0	1	1

−：日勤，e：準夜勤，n：夜勤，+：他勤務，/：休み

図 3.2 実行可能スケジュールの例とそれを表す δ_{ipjk} の値

3.4 各ナースの1ヶ月分のスケジュールを組み合わせる定式化

日 j のシフト k に対し，$\delta_{ipjk}\lambda_{ip}$ の値は，実行可能スケジュール p が選ばれ ($\lambda_{ip}=1$)，p の日 j がシフト k であるとき ($\delta_{ipjk}=1$) にのみ 1 になる．

したがって，1 人のナースに実行可能スケジュールをちょうど 1 つ割り当てる

$$\sum_{p\in P_i} \lambda_{ip} = 1$$

という制約と一緒に考えれば，

$$\sum_{p\in P_i} \delta_{ipjk}\lambda_{ip}$$

の値は，ナース i の日 j がシフト k になったときのみ 1，そうでないときは 0 になり，人数を数える式の中では，定式化 1 における x_{ijk} の値と同じ意味を持つ．ただし，他勤務は，図 3.2 の 5 日目に示すように，すべての $k\in W$ について，

$$\delta_{ipjk} = 0$$

となることで表すことにする．

以下に，定式化 2 を示す．

定式化 2

$$\text{Minimize} \quad \sum_{r\in R}\sum_{j\in N}\sum_{k\in W}(w^-_{rjk}\alpha^-_{rjk} + w^+_{rjk}\alpha^+_{rjk}) \tag{3.21}$$

subject to

$$a_{rjk} - \alpha^-_{rjk} \leq \sum_{i\in G_r}\sum_{p\in P_i}\delta_{ipjk}\lambda_{ip} \leq b_{rjk} + \alpha^+_{rjk}$$
$$r\in R,\ j\in N,\ k\in W \tag{3.22}$$

$$\sum_{p\in P_i}\lambda_{ip} = 1 \qquad\qquad i\in M \tag{3.23}$$

$$\lambda_{ip}\in\{0,1\} \qquad\qquad i\in M,\ p\in P_i \tag{3.24}$$

$$\alpha^-_{rjk},\ \alpha^+_{rjk}\geq 0 \qquad\qquad r\in R,\ j\in N,\ k\in W \tag{3.25}$$

3章　組合せ最適化問題としての定式化

　定式化2の式(3.21)と式(3.25)は，それぞれ，定式化1の式(3.1)と式(3.12)と同じである．また，式(3.22)は，$\sum_{p \in P_i} \delta_{ipjk} \lambda_{ip}$を$x_{ijk}$に置き換えれば，定式化1の式(3.2)と同じになる．

　集合P_iの要素であるpは，ナース制約条件をすべて満たしたものなので，式(3.23)で，P_iの中からちょうど1つ選べばよいことになる．

　一方，各ナースの実行可能スケジュール集合P_iの要素数は数百万とも考えられ，それら全部を陽に（目に見えるかたちで）列挙したり保持することは現実的ではないことから，列生成 (column generation) の仕組みを持つアルゴリズムを意識した定式化といえる．

　列生成法について，最適化の専門家でなくてもだいたいの雰囲気がわかるよう，少しばかり乱暴な説明を以下に試みる．列生成は元々，変数の数が膨大な線形計画問題を解く方法（工夫）である [16]．全部の変数を陽に扱うのではなく，値を持つことに意味のありそうな変数に絞り込んで考えるのである（値を持たなければ，式中で存在しないものとして無視できる）．例えば，実行可能な解（0でない値を持っている変数セット）を1つ持っている状態において，現在は陽には扱われていない（値0とされている）膨大な数の変数の中から，値を持つことで現在より良い解を与える可能性のある変数を見つけることが，列生成にあたる．目的関数や制約式群の中では，値が0にされていて登場しなかった項（すべての式を通して考えた場合の列）を新たに加えて，その変数に値を持たせて解を改善していく方法といえる．

　もっと乱暴にいえば，選ぶ対象が膨大な数なので，魅力のあるものだけ生成しながら最適解を見つけようという考え方である．

　逆に，少し細かな話をすると，線形計画問題を解くための列生成は，一般に整数値でない解を与えるので，ナース・スケジューリングのような離散最適化問題の解にするためにはさらなる工夫が必要である．そして，最適解を得るための列生成アルゴリズムを実装するのはかなり難しい．そんな中で，2.2節や2.5節で紹介したCurtoisは，列生成を利用してかなり良い解を得ることに成功している．さらに，その過程で最適値に対する下界 (lower bound) を得ているが，（後に最適解が得られてからわかったことだが）彼が与えた値は最適値と等しく非常に精度の高いものだった．

列生成という言葉を初めて知った読者には，2012 年のオペレーションズ・リサーチ誌 4 月号の特集「はじめよう整数計画」の中の「はじめての列生成法」（宮本裕一郎著）[50] を勧めたい．

3.5 各ナースの 1 週分のスケジュールを組み合わせる定式化

定式化 1 は，変数の数は多くないもののナース制約条件を表す式の数が多く，1 つの変数が多くの式に登場する．定式化 2 は，制約式の数は非常に少ないが，変数の数は数え上げられないくらい膨大になる．本節では，これら 2 つの定式化の扱いにくさを緩和することを目的の 1 つに，1 週間単位の意思決定変数を用いた定式化を考える．

あるナースのある期間にとって実行可能なスケジュールを，以降，実行可能パターンもしくはパターンと呼ぶことにする．実行可能パターンはその期間におけるナース制約条件を守るものであり，長さは 6 か 7，つまり，6 日分か 7 日分のスケジュールとする．

図 3.3 に，1 ヶ月分の実行可能スケジュールの例と，それを構成する長さ 7 の実行可能パターンを示す．ただし，最終週の長さは 2 日間になっている．

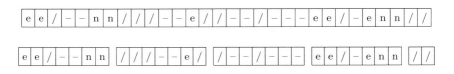

−：日勤，e：準夜勤，n：夜勤，+：他勤務，/：休み

図 3.3 実行可能スケジュール例とそれを構成する実行可能パターン

この長さを 6 か 7 とすることには 2 つの理由がある．

1 つは，どのナースのどの期間を対象にしても，長さ 7 であればパターン数が 1,000 を超すことはないので，前もって列挙して扱うことができる．長さ 6 であればその数はもっと少ない．つまり，各ナースの期間毎に列挙した中からパターンを選んで，それらを組み合せて勤務表を作成できるのである．

3章 組合せ最適化問題としての定式化

もう1つの理由は，ナース制約条件 (3) が対象にする日数が，一般に7日に収まっている事実である．同一シフトの連続日数の下限 e_k，上限 f_k，同一シフトの間隔日数の下限 u_k，上限 v_k，のそれぞれに1を足した数，禁止シフト並びの長さ $t+1$ は，それぞれ7を超すことがない．したがって，パターンの長さを6以上にしておけば，ナース制約条件 (3) 制約対象範囲が3つの期間に及ぶことはなく，隣接する期間の2つパターンを一緒に選ぶ（つなげる）かどうかは，それらの前や後の期間のスケジュールに関係なく判断できるのである．

図 3.4 で，隣接 2 期間のそれぞれ長さ 6 のパターンを使って例を示す．シフト並びに関するナース制約条件 (3) の対象範囲日数の最大が 7 の場合，隣接する期間をあわせてどの部分が対象になるかを横棒の長さで表したものである．パターンの長さが 6 あれば，1 つおいて先の期間（この例では 13 日以降）までその範囲が及ぶことがない．

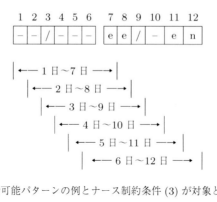

図 3.4 隣接する実行可能パターンの例とナース制約条件 (3) が対象とする最大（7日）範囲

逆にいうと，制約条件に比べてパターンの長さが短すぎると，対象とする2つのパターンを同時に採用できるかは，さらに前後のパターンの情報がないと判定できないということである．

図 3.5 に示すパターンは，長さが 5 であり，連続する 2 パターン間だけでは条件を満たすか判定できない例である．

1週間に1回は休み（/）が入る（休みの間隔日数の上限が6）といった条件があった場合，パターン a1 の後にパターン b を連続できるかどうかは，その

3.5 各ナースの1週分のスケジュールを組み合わせる定式化

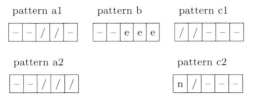

図 3.5 短すぎるパターンの例

後のパターンがどのようなものであるかによって異なる．具体的には，パターン c1 であるなら可能だが，パターン c2 であるなら不可能である．同様に，パターン b の後にパターン c2 を連続できるかどうかは，その前のパターンがどのようなものであるかによって異なる．

以下に，適正な長さのパターンを利用した場合の定式化を示す．以降，わかりやすさと説明しやすさを優先し，適正な長さとして 7 を使って話を進める．したがって，パターンが対象とする期間は週となる．もちろん，長さを 6 日に置き換えて理解しても問題ない．

定式化のために，記号を新たに加える．

記号

q：スケジュール期間内の週の数．
$N_h = \{j_1, \ldots, j_{n_h}\}, h = 1, \ldots, q$：週 h に含まれる日の集合．
$P_{ih}, i \in M, h = 1, \ldots, q$：ナース i の週 h のパターンの集合．

パターン $p \in P_{ih}$ は，$\delta_{ihpjk}, j \in N_h, k \in W$ を使って表す．ナース i の週 h のパターン p において日 j の勤務がシフト k なら 1，そうでなければ 0 で表現する（表し方は定式化 2 のところで示した図 3.2 と同様である）．また，パターン p に含まれるシフト k の数を $\rho_{ihpk}, i \in M, h = 1, \ldots, q, p \in p_{ih}, k \in W$ で表す $(\rho_{ihpk} = \sum_{j \in N_h} \delta_{ihpjk})$．

3章　組合せ最適化問題としての定式化

$Q_{ihp}, i \in M, h = 1, \ldots, q-1, p \in P_{ih}$：ナース i の週 h のパターン p に対し，連結不可能な翌週のパターン $p', p' \in P_{i \cdot h+1}$ の集合．

　Q_{ihp} の要素をどう選ぶか，つまりパターン p と翌週の p' が連結不可能かどうかは，図 3.4 で示したように 2 つのパターンを並べて，対象とする日を 1 日ずつずらしながらナース制約条件 (3) を満たしているか確認し，1 つでも満たしていないものがあれば，Q_{ihp} の要素とする．

意思決定変数

　意思決定変数としては，ナース i の h 週のパターン p を採用するか否かを 1 と 0 で表す λ_{ihp} を利用する．

パターンのつなげ方

　隣接する週のパターン間で，連結不可能なものをつながないような工夫が必要である．

　ナース i の週 h のパターン p と翌週のパターン p' をつなぐとナース制約条件を守れない場合（$p' \in Q_{ihp}$ の場合），どちらか一方のパターンが採用されたときにはもう一方を禁止するよう，以下の式を考える．

$$\lambda_{ihp} + \lambda_{i \cdot h+1 \cdot p'} \leq 1$$

λ_{ihp} も $\lambda_{i \cdot h+1 \cdot p'}$ も 0 か 1 の値しかとれないので，少なくとも一方は 0 になることが保証される．

　この式は，連結不可能なパターンの組合せの総数：

$$\sum_{i \in M} \sum_{h=1}^{q-1} \sum_{p \in P_{ih}} |Q_{ihp}|$$

だけ必要になる．

　以下に，定式化 3 を示す．

3.5 各ナースの1週分のスケジュールを組み合わせる定式化

定式化 3

$$\text{Minimize} \sum_{r \in G} \sum_{h=1}^{q} \sum_{j \in N_h} \sum_{k \in W} (w_{rjk}^- \alpha_{rjk}^- + w_{rjk}^+ \alpha_{rjk}^+) \quad (3.26)$$

subject to

$$a_{rjk} - \alpha_{rjk}^- \leq \sum_{i \in G_r} \sum_{p \in P_{ih}} \delta_{ihpjk} \lambda_{ihp} \leq b_{rjk} + \alpha_{rjk}^+$$
$$r \in R, \ h = 1, \ldots, q, \ j \in N_h, \ k \in W \quad (3.27)$$

$$c_{ik} \leq \sum_{h=1}^{q} \sum_{p \in P_{ih}} \rho_{ihpk} \lambda_{ihp} \leq d_{ik} \qquad i \in M, \ k \in W \quad (3.28)$$

$$\lambda_{ihp} + \lambda_{i \cdot h+1 \cdot p'} \leq 1 \quad i \in M, \ h = 1, \ldots, q-1, \ p \in P_{ih}, \ p' \in Q_{ihp} \quad (3.29)$$

$$\sum_{p \in P_{ih}} \lambda_{ihp} = 1 \qquad i \in M, \ h = 1, \ldots, q \quad (3.30)$$

$$\lambda_{ihp} \in \{0, 1\} \qquad i \in M, \ h = 1, \ldots, q, \ p \in P_{ih} \quad (3.31)$$

$$\alpha_{rjk}^-, \alpha_{rjk}^+ \geq 0 \qquad r \in R, \ j \in N, \ k \in W \quad (3.32)$$

式 (3.26)〜(3.30) は,それぞれ,定式化 2 の式 (3.21)〜(3.23) に対応する.式 (3.28) と式 (3.29) は,実行可能スケジュールを実行可能パターンに分割したことで考慮できなくなったナース制約条件 (1) と (3) にそれぞれ対応する.

式 (3.29) は,定式化の前にも述べたように,その数が非常に多くなる.例えば,ナース i の週 h のパターン p を採用した場合には,それと連結不可能な翌週のパターンを全部禁止できればよいわけなので,式 (3.29) を以下の式に置き換えることは可能である.

$$\lambda_{ihp} + \sum_{p' \in Q_{ihp}} \lambda_{i \cdot h+1 \cdot p'} \leq 1 \qquad i \in M, \ h = 1, \ldots, q-1, \ p \in P_{ih} \quad (3.33)$$

λ_{ihp} が 1 になれば,この式に登場する翌週のパターンに対応する変数すべてが 0 になるとともに,翌週の変数の 1 つが 1 になれば,登場するその他の変数がすべて 0 になるので,式 (3.29) と同等な意味を持つ.式の数は,

3章 組合せ最適化問題としての定式化

$$\sum_{i \in M} \sum_{h=1}^{q-1} |P_{ih}|$$

まで減らすことができる．同様に，$Q'_{ihp}, i \in M, h = 2, \ldots, q, p \in P_{ih}$ を，ナース i の週 h のパターン p に対し，連結不可能な前週のパターン $p', p' \in P_{i \cdot h-1}$ の集合と定義すれば，以下の式で置き換えることもできる．

$$\sum_{p' \in Q'_{ihp}} \lambda_{i \cdot h-1 \cdot p'} + \lambda_{ihp} \leq 1 \qquad i \in M, h = 2, \ldots, q, p \in P_{ih} \quad (3.34)$$

式の数は，

$$\sum_{i \in M} \sum_{h=2}^{q} |P_{ih}|$$

となるが，パターン長が 7 かつ 29 日以上の月の場合は，最終週のパターン数 $|P_{iq}|$ が少なくなるので，式 (3.33) で表すより数を減らせる可能性がある．

ここでは，連結不可能なものを一緒に採用しないための式を示したが，逆に，必ず連結可能なものが並ぶように考えた場合には，式 (3.29) は，以下の式で置き換えることができる．

$$\lambda_{ihp} - \sum_{p' \in P_{i \cdot h+1} \setminus Q_{ihp}} \lambda_{i \cdot h+1 \cdot p'} \leq 0$$

$$i \in M, h = 1, \ldots, q-1, p \in P_{ih} \quad (3.35)$$

もし，λ_{ihp} が 1 になれば，この式に登場する翌週のパターンに対応する変数のうち 1 つが 1 にならなくてはいけないことを示す．ここでは，対象パターンが連結可能関係を持つことに注意する．

式の数を減らすために，先ほど同様，以下の式で置き換えることも可能である．

$$\sum_{p' \in P_{i \cdot h-1} \setminus Q'_{ihp}} \lambda_{i \cdot h-1 \cdot p'} - \lambda_{ihp} \geq 0$$

$$i \in M, h = 2, \ldots, q, p \in P_{ih} \quad (3.36)$$

式 (3.29) の代わりに，式 (3.33) か式 (3.34)，または式 (3.35) か式 (3.36) で

表すことに意味があるかどうかについては，3.3 節の最後に述べたように，解を得るために効率が良いかどうかに依存する．最適化汎用ソルバーを利用する場合，制約式の数が少なくなることが求解速度を速める場合もあるが，ある程度の冗長性が効果を生む場合もあるという．

3.6 実問題を最適化汎用ソルバーで解いてみる

ここでは，前節までに紹介した定式化と最適化汎用ソルバーを利用して，解を得ることを考えてみる．ただし，定式化 2 については，$P_i, i \in M$ の要素が膨大となるので，あらかじめ用意して利用することが現実的ではないため，この節の計算実験では対象としない．

解く対象を，2.5 節に示した問題例 Ikegami-3shift-DATA1 とし，表 3.1 に，定式化 1 を利用した場合，定式化 3 を利用した場合，そして，定式化 3 の式 (3.29) の代わりに式 (3.34) を利用した場合，式 (3.36) を利用した場合の計算時間の違いを示す．定式化 3 における $P_{ih}, i \in M, h = 1, \ldots, q$ の要素には，7 章で紹介するパターン（表 7.2）を利用した．

利用した汎用ソルバーは，Gurobi Optimizer 6.5 と IBM ILOG CPLEX 12.5，利用サーバは，2.0 GHz Quad-Core Intel Xeon Processor E5335 である．計算時間の上限は 100 時間とし，それまでに得られた結果を示してある．おおまかな比較ができるよう，計算時間は分単位（30 秒未満は切捨て，30 秒以上は切上げ）で表している．

この問題例の最適値は 2 であるので，表 3.1 では，この値の目的関数値を持つ暫定解が初めて得られるまでに要した時間と，それが最適解として保証されるまでの時間を比較してある．

暫定解が最適解であると保証されるためには，その目的関数値である暫定値が下界と等しくなるか，最適解になりうる解の可能性をすべて調べ尽くされる必要がある．下界とは，最適値がこれより小さくならないと明らかにされた値のことであり，汎用ソルバーでは，対象問題を線形緩和した問題（整数性を緩和した線形計画問題）の最適値が一般的に利用される．一方，暫定値（暫定解の目的関数値）は最適値の上界として考えられる．暫定解は，得られた解の中

3章 組合せ最適化問題としての定式化

表 **3.1** 定式化による計算時間の比較（Ikegami-3shift-DATA1 を解いた場合）

		変数の数	制約式の数	ソルバー	計算時間（分）	
					暫定値2の解	最適解
定式化1		6,590	18,766	CPLEX	9	20
				Gurobi	4	14
定式化3	式(3.29)利用	34,692	5,630,986	CPLEX	75	104
				Gurobi	603	919
	式(3.34)利用	34,692	29,399	CPLEX	972	—
				Gurobi	86	97
	式(3.36)利用	34,692	29,399	CPLEX	757	—
				Gurobi	64	—

で最も良い解のことであり，最適解がその解より悪くなることがないからである．つまり，上界と下界が一致したときに，その値が最適値となるわけである．

比較結果をみると，最適化汎用ソルバーを利用して速く最適解を得るという観点では，現時点では，定式化1がこの問題に適しているといえる．一方，式(3.34)とCPLEXを利用した場合や，式(3.36)と両汎用ソルバーを利用した場合には，最適解自体は得られたものの最適解である保証は得られなかった．式(3.29)を利用した定式化3については，CPLEXの方が相性が良く，式(3.34)と式(3.36)を利用した場合には，Gurobiのほうが向いているようである．

ここでは，汎用ソルバーの性能を比較することが目的ではなかったので，ソルバーのバージョンやオプションについてはなにも考慮しないままで実験を行った．これまでには，最適解を得ることが難しいとされていた問題例についても，汎用ソルバーが最適解を与えることができる世界になってきていることを簡単におさらいしてみた．

3.7 最適化モデリング

本章では大きく3つの定式化を紹介したが，単に整数計画法で問題を解くための定式化を行ったというだけではないことを最後に強調しておきたい．

それぞれの定式化は，定式化そのものが「問題をどう捉えるか」というモデリングである．一方，解くという立場から考えると，どのようなアルゴリズム

環境にあるかによって，どのモデリングが有効となるかが異なってくる．

　アルゴリズム環境は時代によっても変わっていく．例えば，著者が最初に現実問題に対する最適解を得たのは，20 年くらい前になるが，3.4 節の定式化 2 に基づいた緩和法であった．当時，2 交替性の問題と格闘し，散々苦労した末に辿りついたアルゴリズムで，その時点では非常に強力なものであった．複数のアルゴリズムで解いた結果を現場で評価してもらいながら，ナース制約条件の数の多さと扱いづらさを実感し，「それなら，ナース制約条件を満たしたスケジュールだけを対象にしてしまえ」と考えた結果のものだった．コンピュータの能力の問題もあり，当時は 3.3 節のような素直な定式化（定式化 1）が直接的な力を出せない中で，定式化 2 のような問題の捉え方に至るプロセスが，力を発揮する最適化モデリングだったのではないかと思う．

　コンピュータも現在では比較にならないほど速くなり，整数計画法のアルゴリズムも大きく進歩した．3.6 節で示した通り，以前は不可能だった定式化 1 で問題が解けるようになってきている．しかしながら，費やす時間も顧みず「問題と格闘しながらイメージを作り，うまい捉え方を発見して有効なアプローチやアルゴリズムに結びつけていく，という過程が創造的モデリングやアルゴリズム開発には不可欠である」ということは今も変わらない普遍の真理であると思うのである．

　なお，上記のアルゴリズムは，6 章に登場するが，128 ページに紹介する「至福のとき」を与えてくれた．

3章 組合せ最適化問題としての定式化

───「はじめの一歩」───

著者は，研究者の多くの方とはかなり異なる経歴を持つ．数学科（学部）を卒業した後，工学部の経営工学科に助手として就職した．当時の著者は，ORも最適化も全く知らなかった．

助手として就職後，まずは経営工学科のいろんな授業に出席してみた．その中で，衝撃的に興味をもった授業は数理計画法だった．今はアメリカにおられる先生（当時の大学教授から，大手企業のsenior vice presidentを経て，テキサスで立ち上げた会社のCEO，社長というご経歴を持つ，著者の恩師）の授業だった．大袈裟にいえば，著者の人生が変わった瞬間だったかもしれない．

初めて出席した授業では，シンプレックス（単体）法の復習をやっていたのだが，基底変数の組合せで解を得る，具体的には，基底変数を1つずつ取り換えながら（基底変換しながら），局所探索して最適解を得る過程に，とんでもなく興味を持った．

今の感覚で説明すると，連続最適化の問題を組合せ最適化の方法で解いているといったことが，笑いたくなるくらい楽しく面白かったのである．そのときのことを思い出すと今でも楽しい気持ちになれる．そして，研究者仲間と（例えばお酒を飲みながら），そのような面白さについて話すのが大好きである．

ちなみに，それと同じくらい「楽しい」と感じたのは，双対性について（自分なりにだが）理解できた，と思えたときだった．4章では，割当問題を使って，双対性に関わる簡単な（古典的な）話を紹介したいと思う．

話を戻すと，ともかく，世の中，とんでもなく面白い分野があるものだと驚いたわけである．これに加えて，当時の先生は，企業が抱えていた問題を，著者に「考えてごらん」と，どんどん投げてくださった．面白さへの驚きと現実の問題解決に挑む環境のもと，著者は，最適化モデリングに強い興味を持つことになった．

しかし，先生がアメリカに渡り，残された著者は，めちゃくちゃ？独学のみで研究を始めることになる． （5章末「はじめての論文」に続く）

4章

割当構造を意識する

　ナース・スケジューリングは，フローショップ・スケジューリングやジョブショップ・スケジューリングといった一般的なマシン・スケジューリングとは構造が異なる．

　一方，OR には，最適にものを対象に割り当てるための問題，割当問題 (assignment problem) があり，数理的要素を豊富に持つ．ナース・スケジューリングは，スケジューリングというより割当問題に近いと感じる人も多い．

　例えば，3 章の定式化 1 を基に考えれば，ナース数 × 日数のセルを持つ表にシフトを割り当てる問題である．この割当を難しくしているのは，1 つのセルに 1 つのシフトを割り当てた場合のコストが前もってわかっておらず，同じ行の「他の日の割当」や同じ列の「他のナースに関する割当」の結果とあわせないと評価できないことである．

　この章では，基礎知識として，割当問題とその面白さ[1]を紹介し，ナース・スケジューリングが持つ割当構造，さらにそれを拡張したネットワーク構造について整理する．割当問題は，誰にでも問題設定が理解できるうえ，マッチング問題の 1 つ[2]としても，最小費用流問題の 1 つとしても，線形計画法で解ける 0-1 整数計画問題としても学ぶことができる魅力的な問題である．また，他の問題の緩和問題として利用しやすい．

---

[1] この部分と 3, 5, 7 章の章末に示した「寄道文章」は，2016 年 8 月のオペレーションズ・リサーチ誌の特集「OR 研究をめざす女子学生へ」のための記事 [36] の一部を書き直したものである．
[2] 割当問題は，2 部グラフの最小重み完全マッチング問題である [42]．

4章 割当構造を意識する

4.1 簡単で面白い「割当問題」

この節では，割当問題を，最適化を全く知らない人に知ってもらうつもりで説明してみようと思う．

割当問題とは，2つのグループの要素を1対1に対応づけする問題である．以下のような問題例で説明してみる．

── OR 社の割当問題例 ──

OR 社では現在，あるコンピュータシステムを開発中である．システムを構成するプログラムを社員達が作成しているが，人手不足で5つのプログラムを自社では作成できないことがわかった．外部にその5つのプログラムを依頼（外注）しようと思ったが，問い合わせたどの会社も忙しく，「1つだけなら引き受ける」という会社がちょうど5つだけ（会社1〜会社5）存在した．5つの会社に見積もってもらった「プログラム作成のコスト」は下表の通りである（単位は100万円）．どの会社にどのプログラムを依頼したら外注にかかる総コストを最小にできるだろうか．

		プログラム				
		1	2	3	4	5
会社	1	11	17	8	16	20
	2	9	7	12	6	15
	3	13	16	15	12	16
	4	21	24	17	28	26
	5	14	10	12	11	15

コスト表を眺めると，会社毎に特徴があることがわかる．高いコストの会社（例えば，会社4は全体的に割高である）はできれば利用したくないが，1つの会社に1つしかプログラムを依頼できないということは，1つの会社には必ず1つ依頼しなければいけないということでもある．

i 行の会社に j 列のプログラムを割り当てることを，表 4.1 の例のようにマルで表すことにすると，1つの会社に必ず1つプログラムを割り当てることは，

4.1 簡単で面白い「割当問題」

各行にちょうど1つマルをつけることであり、1つのプログラムが必ず1つの会社に割り当てられることは、各列にちょうど1つマルがつけられることにあたる.

表 4.1 割当の例

プログラム

i \ j	1	2	3	4	5
1	11	17	⑧	16	20
会 2	9	7	12	⑥	15
社 3	⑬	16	15	12	16
4	21	24	17	28	㉖
5	14	⑩	12	11	15

表 4.1 の割当は、貪欲法 (greedy algorithm) 的に作ったもので、まず、表中の最小値 6（2 行 4 列）にマルをつけ、それ以外の行や列の中の最小値 8（1 行 3 列）にマルをつける。あとは同様に、各行各列にマルが 1 つになるよう、10（5 行 2 列）、13（3 行 1 列）、26（4 行 5 列）の順にマルをつけた.

しかし、これが総コスト最小になる保証はない。このように、その場その場の欲で選んでいくと、最後に大きな数（この例では 26）を選ばざる得ない場合も起こる。これに対し、1 番良い解（最適解）を得るためには、総コストが最小になるマルのつけ方を見つけなければならない.

そこで、コストが全体的に高め設定である会社 4 に注目すると、1 番安いプログラムはプログラム 3 のコスト 17 である。つまり、OR 社は会社 4 に、少なくともコスト 17 を支払わなければならず、それより高いプログラム 1, 2, 4, 5 の作成を依頼すれば、それぞれ、プラス 4、プラス 7、プラス 11、プラス 9 のコストが発生する。同様に、会社 1, 2, 3, 5 に対しては、少なくとも、それぞれの最も安いプログラム作成金額、コスト 8、コスト 6、コスト 12、コスト 10 を支払う必要がある。つまり、OR 社は、「少なくとも $8 + 6 + 12 + 17 + 10 = 53$ の総

4章 割当構造を意識する

コストを支払う必要がある」ことが，この問題を解く前にわかる．また，その要素以外のプログラムを依頼する場合には，さらにプラスの費用がかかることになる．ここで，「これ以上は小さくはならない」と明らかになっている値を，総コストの下界と呼ぶことにする．

下界 53 を求めた関係を表 4.2 に表してみる．表の中の数字は，元のコスト表の各行の要素からその行の最小値を引いた結果（相対コスト）を表す．

表 4.2 相対コスト (1)

プログラム

i \ j	1	2	3	4	5	v_i
1	3	9	0	8	12	8
会 2	3	1	6	0	9	6
社 3	1	4	3	0	4	12
4	4	7	0	11	9	17
5	4	0	2	1	5	10

ここで，元のコスト表の i 行 j 列の要素を c_{ij} とし，表 4.2 の要素（相対コスト）を計算するために，i 行から引いた数を v_i と書くことにする（v_i の値を表の右に示す）．したがって，表 4.2 の i 行 j 列の要素は，$c_{ij} - v_i$ である．

直感的に考えて，0 の要素を選んだほうが総コストを小さくできることがわかると思う．しかしながら，表 4.2 の各列を縦に見ると，1 列と 5 列に 0 の要素がないので，先ほど計算した下界 53 に対し，プログラム 1 に関しては少なくともプラス 1，プログラム 5 に関しては少なくともプラス 4 のコストを考えなくてはならず，この時点で下界が 58 (53+1+4)，つまり，OR 社は「少なくとも総コスト 58 を支払う必要がある」ことがわかる．

この関係を表 4.3 に表す．表中の値は，表 4.2 の各列の要素からその列の最小値を引いた結果を表す．ここで，j 列から引いた数を w_j と書くことにすると，表 4.3 の i 行 j 列要素は，$c_{ij} - v_i - w_j$ である．またしても直感的に，ここで

0 になった要素に対応する割当を選べば，最適な解が得られるような気がする．

表 4.3 相対コスト (2)

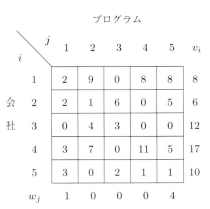

そこで，これが本当かどうか調べてみることにする．そのために，まず，割当問題の制約を式で書いてみる．この問題の意思決定を表す変数として x_{ij} を導入し，会社 i にプログラム j を割り当てる（i 行 j 列にマルをつける）場合に 1，そうでない場合に 0 の値をとるものとする．すると，1 つの行，例えば 1 行にちょうど 1 つマルをつけることは，

$$x_{11} + x_{12} + x_{13} + x_{14} + x_{15} = 1$$

と表すことができる．もちろん，どの変数も 1 か 0 の値しかとらないことが前提である．また，他の会社についても同様な式で書くことができる．

一方，1 つの列，例えば 1 列にちょうど 1 つマルをつけることは，

$$x_{11} + x_{21} + x_{31} + x_{41} + x_{51} = 1$$

と表すことができる．

この問題例では，会社の数＝プログラムの数＝5 であるが，この数を n と表すことにすると，一般的に，1 つの会社にちょうど 1 つのプログラムを割り当てることは，

4章 割当構造を意識する

$$\sum_{j=1}^{n} x_{ij} = 1 \qquad i = 1, \ldots, n \tag{4.1}$$

1つのプログラムをちょうど1つの会社に割り当てることは，

$$\sum_{i=1}^{n} x_{ij} = 1 \qquad j = 1, \ldots, n \tag{4.2}$$

と表すことができる．そして，これらの条件の下で総コストを最小にするような割当を決めることが，まさしく割当問題である．

割当総コストは，会社 i にプログラム j を割り当てる場合に発生するコスト c_{ij} を足し合わせればよいので，

$$\sum_{i=1}^{n} \sum_{j=1}^{n} c_{ij} x_{ij} \tag{4.3}$$

と表すことができる．変数 x_{ij} のうち1となるのは，ちょうど n 個なので，対応する n 個分の c_{ij} を足していることになる．

さて，話を表4.3の下まで戻そう．元々のコスト c_{ij} で割当問題を解く代わりに，相対コスト $c_{ij} - v_i - w_j$ に対する割当問題を解くことに意味があるか，つまり，表4.3のコストが与えられた場合の割当問題と元の割当問題は同等か，ということを確認しよう．表4.3の割当問題の制約式は，元の問題と全く同じで，式(4.1)と式(4.2)である．そして総コストの式だけが異なり，

$$\sum_{i=1}^{n} \sum_{j=1}^{n} (c_{ij} - v_i - w_j) x_{ij}$$

$$= \sum_{i=1}^{n} \sum_{j=1}^{n} c_{ij} x_{ij} - \sum_{i=1}^{n} v_i \sum_{j=1}^{n} x_{ij} - \sum_{j=1}^{n} w_j \sum_{i=1}^{n} x_{ij} \tag{4.4}$$

になる．第2項に式(4.1)，第3項に式(4.2)を代入すると，

$$\sum_{i=1}^{n} \sum_{j=1}^{n} c_{ij} x_{ij} - \sum_{i=1}^{n} v_i - \sum_{j=1}^{n} w_j \tag{4.5}$$

が得られ，元の問題の総コストである式 (4.3) から定数を引いた式となる．したがって，この総コストを最小にすることは，式 (4.3) を最小にすることであり，2 つの問題が本質的に同等であることがわかる．

それでは，表 4.3 のコストに対する割当問題について議論しよう．表 4.3 は，各行各列に必ず 0 が登場するように計算されている．この表の 0 の要素だけを選んだ「総コスト 0」の割当があれば，それが最適解になることは自明である．なぜなら，コストに負の要素が存在しないので，総コストが負となることはありえないからである．

ちなみに，表 4.3 の相対コストは，各行における最小値を v_i にしてから各列に対する w_j を決定したが，列から同様の作業を行うなど，各要素が負にならないように v_i や w_j の値を決めて，表 4.3 とは異なる「各行各列に 0 が 1 つ以上ある」相対コストの表を作ってもよい．

さて，このように作成した相対コストに対し，「0 の要素だけを選んだ割当」が必ずしも作成できるわけではない．表 4.3 の例では，1 行には 0 が 1 つしかないので，3 列のそれにマルをつけ，3 列の他の 0 にバツをつける．同様に，0 が 1 つしかない 2 行と 5 行の 0 にマルをつけ，採用不可能になった 3 行 4 列の 0 にバツをつける．さらに，列で見ると，1 列に 0 が 1 つしかないので，3 行のそれにマルをつけ，採用不可能になった 3 行 5 列の 0 にバツをつける．すべての 0 にマルかバツがついた状態は，表 4.4 のようになる．つまり，このコスト表では，0 を 5 つ選ぶことが不可能である．そこで，表 4.3 とは少し異なる相対コストを作ってみることにする．

またも，直感的に話を進めることにする．表 4.4 では 4 行にマルがつかなかったので，その原因を考えると，1 行の 0 にマルをつけたことが挙げられる．つまり，1 行や 4 行に別の 0 があれば解決するかもしれないので，どちらか，もしくは両方に 0 の要素を増やすことを考える．1 行と 4 行で，0 以外の要素の中の最小値は 1 行の 2 なので，1 行の要素から 2 を引くことを考える．

4 章　割当構造を意識する

表 4.4　要素 0 を選ぶ

プログラム

	j	1	2	3	4	5	v_i
i							
	1	2	9	⓪	8	8	8
会	2	2	1	6	⓪	5	6
社	3	⓪	4	3	✗	✗	12
	4	3	7	✗	11	5	17
	5	3	⓪	2	1	1	10
w_j		1	0	0	0	4	

つまり，v_1 の値を 8 から 10 に変更する．しかし，1 行のすべての要素から 2 を引くと，0 が 1 つ増えるものの，3 列の 0 は -2 になってしまう．先ほど述べた「総コスト 0 の割当なら最適解」という判定基準を利用するためには，要素が負になることは避けたい．そこで，3 列に 2 を足して -2 を 0 に戻すことを考える．つまり，w_3 を 0 から -2 に変更する．その結果，4 行 3 列の 0 が 2 になり，4 行に 0 がなくなってしまうので，今度は 4 行から 2 を引くことにし，v_4 を 17 から 19 に変更する．結果として得られる相対コストは，表 4.5 のようになる．ここから，0 をうまく選んでマルをつけると，表 4.6 のようになる．

表 4.5 の割当問題の最適解の総コストが 0 となるので，式 (4.5) の値は 0 となり，元の割当問題の総コストは，

$$\sum_{i=1}^{n}\sum_{j=1}^{n} c_{ij} x_{ij} = \sum_{i=1}^{n} v_i + \sum_{j=1}^{n} w_j = 60 \tag{4.6}$$

となる．

最初に与えられたコスト表（表 4.1）において，表 4.6 のマルと同じ場所にマルをつけ，マルのついた値を足し合わせると，60 になっていることがわかる．

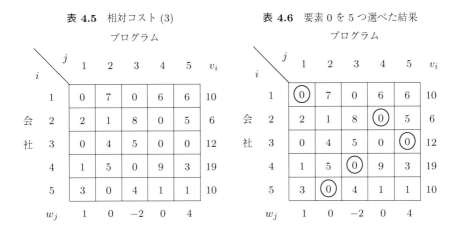

4.2 割当問題の双対問題

ここからは,線形計画問題の双対性を学んだ(学んでいる)人を対象とするが,できるだけ誰にでもわかるように説明してみよう.ただし,厳密さは省略し,主問題と双対問題の関係が,なんとなく体感できることを目指すので,必要に応じて教科書 [40, 41, 53] 等を参照してほしい.

割当問題を表す式は前節で説明したが,それらをまとめて以下に示す.

$$\text{Minimize} \quad \sum_{i=1}^{n} \sum_{j=1}^{n} c_{ij} x_{ij} \tag{4.7}$$

subject to

$$\sum_{j=1}^{n} x_{ij} = 1 \qquad i = 1, \ldots, n \tag{4.8}$$

$$\sum_{i=1}^{n} x_{ij} = 1 \qquad j = 1, \ldots, n \tag{4.9}$$

$$x_{ij} \geq 0 \qquad i = 1, \ldots, n, j = 1, \ldots, n \tag{4.10}$$

4 章　割当構造を意識する

　前節で，変数 x_{ij} の値は 1 か 0 で選ぶ（マルをつける）か否かを表すといっておきながら，ここで $x_{ij} \geq 0$ と示していることに違和感を感じる読者もいると思う．こうした理由は，$x_{ij} \geq 0$ とすることによって，割当問題を離散的な問題ではなく線形計画問題の 1 つと考えることができるからである．$x_{ij} \in \{0,1\}$ でなく，$x_{ij} \geq 0$ としてもよい根拠は，こう表しても x_{ij} が 0 と 1 だけの値をとる整数最適解が存在する事実があるからである．詳しくは，「線形計画問題の整数性」，「完全単模性」をキーワードに教科書等を参照してほしい．

　さて，割当問題を線形計画問題として扱えることがわかれば，その問題の裏表の関係にあるような，双対問題を考えることができる．元の問題を主問題とすると，双対問題は，主問題の定式化から機械的に作成できる．少し乱暴にいってしまえば，元の問題の定式化の縦横をひっくり返したような問題を考えるのである．

　双対問題における変数は，主問題の制約式それぞれに対応する．ここでは，4.1 節で解を求めた過程と対応づけるため，変数の名前を，式 (4.8) のそれぞれに対して v_i，式 (4.9) のそれぞれに対して w_j とする．したがって，双対問題は以下のように表せる．

$$\text{Maximize} \quad \sum_{i=1}^{n} v_i + \sum_{j=1}^{n} w_j \tag{4.11}$$

subject to
$$v_i + w_j \leq c_{ij} \qquad i=1,\ldots,n, j=1,\ldots,n \tag{4.12}$$

ここで，変数 v_i, w_j に非負制約はない．最適化の方向は逆（最大化）になる．双対問題の目的関数の係数は，主問題における制約式の右辺の値であり，双対問題の制約式の右辺の値は，主問題における目的関数の係数である．そして，双対問題の制約式の係数行列は，主問題の係数行列を転置したものである．主問題に非負制約 $x_{ij} \geq 0$ があるので双対問題の制約式が不等式になるとか，主問題の制約式が等式であるので v_i, w_j に非負制約がないなど，教科書で復習してほしい．

　さて，双対問題の制約式の式 (4.12) から，任意の i, j について，以下の関係が成り立つ．

4.2 割当問題の双対問題

$$c_{ij} - v_i - w_j \geq 0 \tag{4.13}$$

v_i と w_j は双対問題の変数であり，この式はそれらの変数の実行可能範囲を制約するものであるが，よく見ると左辺は，4.1 節で扱った相対コストになっており，相対コストを負にしないという制約とも読み取れる．したがって，割当問題の双対問題は，相対コストの非負性を保ちながら（負にしないようにしながら），相対コストを計算する際の「コスト表の各行各列から引く数」の総和を最大にする問題と捉えることができる．もしくは，割当問題の目的関数値の下界を最大化する問題ともいえる．

さてもう一度，教科書の線形計画法のページを開いてもらい，双対性のところの「弱双対定理」と「双対定理」と「相補性定理」を思い出してほしい．弱双対定理（主問題が最小化の場合）は，「主問題の実行可能解の目的関数値が，双対問題の実行可能解の目的関数値より常に大きいか等しい」ということをいっている．これを確かめるため，式 (4.12) の両辺に x_{ij} をかけて，すべての i, j について辺々足し合わせてみると，

$$\sum_{i=1}^{n}\sum_{j=1}^{n}(v_i + w_j)x_{ij} \leq \sum_{i=1}^{n}\sum_{j=1}^{n}c_{ij}x_{ij} \tag{4.14}$$

が得られる．左辺の括弧をはずすと，

$$\sum_{i=1}^{n}v_i\sum_{j=1}^{n}x_{ij} + \sum_{j=1}^{n}w_j\sum_{i=1}^{n}x_{ij} \leq \sum_{i=1}^{n}\sum_{j=1}^{n}c_{ij}x_{ij} \tag{4.15}$$

となる．この左辺に式 (4.1) と式 (4.2) を代入すると，

$$\sum_{i=1}^{n}v_i + \sum_{j=1}^{n}w_j \leq \sum_{i=1}^{n}\sum_{j=1}^{n}c_{ij}x_{ij} \tag{4.16}$$

が得られる．左辺は双対問題の目的関数であり，右辺は主問題の目的関数である．この関係は，4.1 節で下界を考えたときに，直感的に理解いただけていたと思う．

さて，双対定理は「線形計画問題である主問題が最適解を持つならば，双対

4章 割当構造を意識する

問題も最適解をもち,両方の最適目的関数値が等しい」ことをいっている.4.1 節の表 4.6 のように,相対コストを非負に保ったまま(双対問題の実行可能性を守ったまま),各行各列にマルをつけ(主問題を実行可能にし),相対コストを対象にした割当の総コストを 0 にできれば,式 (4.6) のように,主問題と双対問題の最適目的関数値が等しくなることはわかる.

また,主問題と双対問題の目的関数が等しいということは,式 (4.15) の等号が成り立つということなので,式 (4.15) を等号にし,一方の辺を移項して表してみると,

$$\sum_{i=1}^{n}\sum_{j=1}^{n} x_{ij}(c_{ij}-v_i-w_j) = 0 \tag{4.17}$$

が得られる.すべての i と j で,$x_{ij}(c_{ij}-v_i-w_j)$ は非負であるから,その総和が 0 ということは,そのそれぞれが 0 であることを示している.そして,主問題の最適解と双対問題の最適解は,このような関係にあることがわかる.

最後に,相補性定理と相補性条件について考える.相補性定理は,「主問題の実行可能解と双対問題の実行可能解が,それぞれの最適解である必要十分条件を示したもの」であるが,割当問題におけるその条件(相補性の条件)は,以下のように書くことができる.

$$x_{ij}(c_{ij}-v_i-w_j) = 0 \qquad i=1,\ldots,n, j=1,\ldots,n \tag{4.18}$$

まさに式 (4.17) が示す条件となっている.

式 (4.18) は,任意の i と j について,x_{ij} が 0 になるか,相対コストである $(c_{ij}-v_i-w_j)$ が 0 になるかを示している.そこで,再び表 4.6 に戻って確認してみると,相対コストが 0 のところにマルをつけることは,対応する x_{ij} の値を 1 にしていることだが,相対コストが 0 なので,$x_{ij}(c_{ij}-v_i-w_j)$ も 0 になる.マルがついていないところは,x_{ij} の値が 0 なので,$x_{ij}(v_i+w_j-c_{ij})$ も 0 になる.よって,主問題の実行可能解(各行各列にちょうど 1 つずつマル),双対問題の実行可能解 $(c_{ij}-v_i-w_j \geq 0)$ である表 4.6 の解は,相補性条件を満たしたそれぞれの最適解になっていることが確認できる.

4.2 割当問題の双対問題

ちなみに，4.1 節の割当問題の最適解を得るまでの流れは，きちんとステップを記述すれば，ハンガリー法と呼ばれるアルゴリズムである．ハンガリー法は，双対問題の実行可能解からスタートし，相補性条件を満たすように主問題の解を考えるが，主問題が実行可能でない間は，双対変数の値を変更しながら，主問題の実行可能性を目指し，同じ手順を繰り返すものといえる．

割当問題の目的関数値の下界を最大化する問題

最後に，ここで述べてきた内容と話が多少重なるが，割当問題の目的関数値の下界を最大化する問題を，主問題の定式化から考えてみる [12]．

主問題の制約式 (4.8) の i 番目の式の両辺に v_i，制約式 (4.9) の j 番目の式の両辺に w_j をかけて，そのすべての式を辺々足し合わせてみる．

$$\sum_{i=1}^n v_i \sum_{j=1}^n x_{ij} + \sum_{j=1}^n w_j \sum_{i=1}^n x_{ij} = \sum_{i=1}^n v_i + \sum_{j=1}^n w_j$$

左辺を x_{ij} でまとめると，以下のようになる．

$$\sum_{i=1}^n \sum_{j=1}^n (v_i + w_j) x_{ij} = \sum_{i=1}^n v_i + \sum_{j=1}^n w_j$$

すべての i と j について，$c_{ij} \geq v_i + w_j$ が満たされてていれば $x_{ij} \geq 0$ なので，以下の関係を示せる．

$$\sum_{i=1}^n \sum_{j=1}^n c_{ij} x_{ij} \geq \sum_{i=1}^n \sum_{j=1}^n (v_i + w_j) x_{ij} = \sum_{i=1}^n v_i + \sum_{j=1}^n w_j$$

つまり，$v_i + w_j \leq c_{ij}$ $(i=1,\ldots,n, j=1,\ldots,n)$ の下での

$$\sum_{i=1}^n v_i + \sum_{j=1}^n w_j$$

は，割当問題の目的関数値の下界となる．そして，この下界を最大化する問題こそ，割当問題の双対問題：式 (4.11), (4.12) になっている．

4章 割当構造を意識する

4.3 ネットワーク・フロー問題としての割当問題

ここでは，割当問題をネットワーク・フロー問題 (network flow problem) の基本問題である最小費用流問題 (minimum cost flow problem) として考えてみる．最小費用流問題とは，最小コストでネットワーク上の各点の需要供給を満たすようなフロー（流し方：各点の間の流量）を決める問題である．

ネットワークは，一般に，ノード（node：節点）とアーク（arc：弧）で表される．ここでは，N をノードの集合，A をアークの集合とする[3]．このネットワーク上でものを流すことを考えるが，各ノードでは供給量もしくは需要量が明らかになっており，ノード i のその量を b_i で表す．$b_j > 0$ ならノード i は供給点であり，b_i が供給量を表す．逆に，$b_j < 0$ ならノード i は需要点であり，$-b_j$ が需要量を表す．そして，$b_j = 0$ なら需要も供給もない中継点として考える（$\sum_{i \in N} b_i = 0$ を前提とする）．一方，各アークには，流量の制限や流量単位あたりのコストが与えられている．アーク (i,j) の流量下限と上限をそれぞれ l_{ij}, u_{ij}，流量単位あたりのコストを c_{ij} とする．

以下に，最小費用流問題の定式化 [1] を示す．

$$\text{Minimize} \sum_{(i,j) \in A} c_{ij} x_{ij} \tag{4.19}$$

subject to

$$\sum_{\{j:(i,j) \in A\}} x_{ij} - \sum_{\{j:(j,i) \in A\}} x_{ji} = b_i \qquad i \in N \tag{4.20}$$

$$x_{ij} \geq 0 \qquad (i,j) \in A \tag{4.21}$$

最小費用流問題も完全単模性により，b_i が整数で与えられていれば，整数最適解を持つことがわかっている．

さて，次に割当問題をネットワークに表してみる．4.1 節の例で考えると，労働力を供給する会社に対応する 5 つのノードの集合 N_1 と，構築する必要のあ

---

[3] グラフ理論では，node と arc の代わりに，vertex（頂点）と edge（辺もしくは枝）ということが多い．

4.3 ネットワーク・フロー問題としての割当問題

るプログラムに対応する5つのノードの集合 N_2 を考えることができる.

図 4.1 に，割当問題のネットワークの例を示す．1つの会社からあるプログラムに労働力を1単位流すことを，その会社をそのプログラムに割り当てることに対応させよう．1つの会社は1つのプログラムしか請け負えないので，各会社の供給量は 1，つまり，$b_i = 1, i \in N_1$ である．逆に，1つのプログラムは必ず1つの会社から労働力を必要とするので，需要量が 1，つまり，$b_i = -1$, $i \in N_2$ である．N_1 の要素であるノード間にはアークがなく，同様に N_2 の要素のノード間にもアークがないので，このネットワークは2部グラフになっている．各アークの流量を変数 x_{ij} で表し，そのコストを割当コストの c_{ij}, 流量下限 l_{ij} を 0 とする．$b_i = 1, i \in N_1$ なので，（明示しなくとも）上限 u_{ij} は 1 となる．

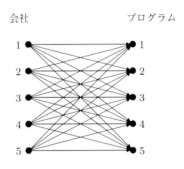

図 **4.1** 割当問題のネットワーク（2部グラフ）

$N = N_1 \cup N_2$, $A = \{(i,j) | i \in N_i, j \in N_2\}$ として，最小費用流問題の式 (4.20) をノード $i \in N_1$ について表すと，ノードに入ってくるアークがないので，2つ目の項がなくなり，以下のようになる．

$$\sum_{\{j:(i,j)\in A\}} x_{ij} = 1 \qquad i \in N_1 \tag{4.22}$$

同様に，式 (4.20) をノード $i \in N_2$ について表すと，ノードから出ていくアークがないので，1つ目の項がなくなり，以下のようになる．

4章 割当構造を意識する

$$-\sum_{\{j:(j,i)\in A\}} x_{ji} = -1 \qquad i \in N_2 \qquad (4.23)$$

この式の i と j の記述を逆にして，両辺に (-1) をかけると以下のようになる．

$$\sum_{\{i:(i,j)\in A\}} x_{ij} = 1 \qquad j \in N_2 \qquad (4.24)$$

この結果，最小費用流問題の式 (4.19), (4.20) をノード集合 N_1, N_2 に従って 2 つに分けて記述した式 (4.22), (4.24)，そして式 (4.21) は，それぞれ割当問題の定式化の式 (4.7)～(4.10) と同じ式になっていることが確認できる．

最後に，4.1 節で示した問題の最適解を 2 部グラフ上に表したものを図 4.2 に示す．ここに示されたアーク (i,j) は，値が 1 として与えられた x_{ij} に対応し，図 4.1 のネットワークから，$x_{ij} = 0$ となったアークを消したものとなっている（i 行 j 列のマルが，左側の i と右側の j に引いたアークに対応する）．

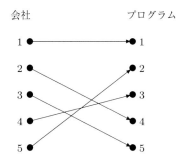

図 4.2　最適解を 2 部グラフ上に示したもの

本節では，寄り道気味ながら，後章の「ネットワークを基にした考え方」の予習として，ネットワーク・フローの基礎の基礎，最小費用流問題を紹介した．

4.4 ナース・スケジューリングにおける割当構造

3.3 節の定式化 1（各ナースの各日の勤務内容を組み合わせる定式化）における x_{ijk} は，ナース i を日 j のシフト k に割り当てるとき 1，そうでないとき 0 となる意思決定変数である．

この割り当てを意識して，ネットワークとして表すことを考えてみよう．2.4 節の Millar の問題例で考えれば，毎日の日勤，夜勤はそれぞれ 2 人ずつ必要で，勤務数の公平さから考えると，1 ナースが 7 回勤務することが望ましい．x_{ijk} がアークに対応するようなネットワーク（2 部グラフ）の一部を，図 4.3 に示す．

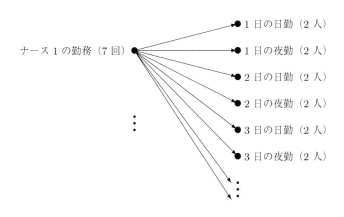

図 4.3 各ナースを 7 回シフトに割り当てる（Millar の問題例）

N_1 の要素となる左側のノードは各ナースに対応して 8 つ，N_2 の要素となる右側のノードは，各日の各シフトを表すノードを 2×14 日分 $= 28$，用意することになる（図 4.3 では，左側はナース 1 のノードのみ，右側は 3 日分のみ示してある）．

これを（多少無理やり）1 対 1 対応になる割当問題に変換するとともに，勤務の合計回数のみでなく，各シフトの回数の上下限を考えてみる．N_1 の要素となる左側のノードは，各ナースのシフト毎に表すこととし，そのナースのシフト回数分だけ（上下限を守るように）用意する．そして，N_2 の要素となる右側

のノードとして，各日の各シフトを表すノードを必要人分を用意する．

具体的には，各ナースについて日勤ノード3つ，夜勤ノード3つ，日勤にも夜勤にも対応できる共用ノード1つのあわせて7つを用意し，合計 $7 \times 8 = 56$ のノードを N_1 の要素とする．そして，各日について日勤2人分，夜勤2人分に対応する4つのノードを用意し，合計 4×14 日分 $= 56$ のノードを N_2 の要素とする． N_1 の各ナースの日勤ノードと共用ノードから N_2 の各日の日勤ノードにアークを設定し， N_1 の各ナースの夜勤ノードと共用ノードから N_2 の各日の夜勤ノードにアークを設定する（例えば，ナースにとって勤務不可能なシフトがある場合には，そのノード間にはアークを設定しない）．

ここで，できあがった2部グラフ上で， N_1 のノードと N_2 のノード1対1対応させる割当問題を考えれば，各日の各日にどのナースが割り当てられるかが決まるわけである．大雑把な説明ではあるが，ナース・スケジューリングが「割当構造を持つ」ことがわかってもらえれば幸いである．

ただしこの割当問題では，コスト設定がないことや，シフトの並びを考慮するナース制約条件(3)が考慮されていないことに注意してほしい．さらに，あるナースがある日のあるシフト（例えば日勤）に割り当てられることを表すアークが複数（3つの日勤ノードと1つの共用ノードの4つのノードと，その日の2つのノードをつなぐ，合計 $4 \times 2 = 8$ 通り）になっており，冗長なだけでなく，解との対応わかりにくい．そこで再度，同じ意味を持つノードを複数まとめたネットワークを使ってこれらの問題点を考えることにする．

左側ノードについては，各ナースの日勤ノード3つ，夜勤ノード3つをそれぞれ1つで表し，共用ノードとあわせて各ナース3ノード，合計 $3 \times 8 = 24$ ノードを N_1 の要素としたネットワークを，図4.4に示す．ナース1から3日のシフトまでのアークしか示していないが，8人のナースに関わるそれぞれのノードから14日までの対応シフトのノードにアークが設定されていると考えてほしい．初めに示した図4.3より，各ナースのシフト回数の上下限ができるようになっている．

左側の日勤ノードと夜勤ノードの供給量はそれぞれ3，共用ノードの供給量は1である．そして，右側の各ノードの需要量は2である．各ノードの供給量・需要量が1とは限らないので，構造的に大きくは変わらないが，割当問題とい

4.4 ナース・スケジューリングにおける割当構造

うより古典的輸送問題(ヒッチコック型輸送問題)の形になっている.つまり,$(3+3+1) \times 8 = 2 \times 2 \times 14 = 56$ の流量が左から右に流れることを表している.

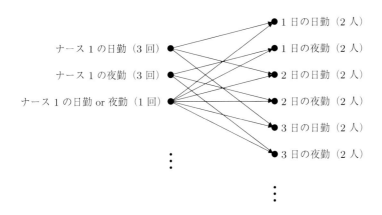

図 **4.4** シフトの回数の上下限を考慮した 2 部グラフ

次に,このネットワークを,3 章で示したような目的関数を考慮できる形に変形することを考える.ここでは,割当問題や輸送問題を含み,より一般的な最小費用流問題のネットワークを利用する.

Millar の問題例では,各ナースのシフト回数が 3〜4 回で合計 7 回の勤務となることを守りながら,各日の各シフトの人数をそろえる解の存在がわかっていた.しかし,現実的には人数不足が発生する場合が多く,3 章で示したモデルの目的関数では,各シフトに対する過不足人数に重みをかけたものの総和の最小化を考えていた.

そこで,各シフトに対する不足人数や過剰人数を流量で表すアークの設定を考える.簡便化のため,図 4.5 のように,共用ノードの代わりに各ナースを表すノード(ナースノード)を導入し,そのノードから日勤ノード,夜勤ノードにアークを設定する.ナースノードの供給量は勤務回数 7 回,そこから出るアーク流量の下限と上限は,その先のシフト回数の下限と上限とする.これらのアー

4章 割当構造を意識する

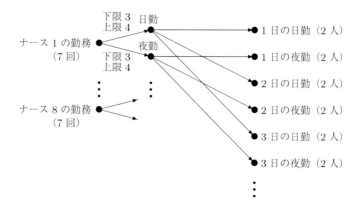

図 4.5 ナースノードの導入

クのコストは 0 とする．

このネットワークを基に，各シフトに対する不足人数については架空のナースのノード（ダミーナース）を 1 つ作り，各日のどのシフトにも対応できるよう，すべてのシフトのノードにアークを設定する．そして，そこに流量があった場合のコストを「アークが向かうシフトに対する人数不足の重み」とする．ダミーナースの勤務回数の残りは，人数の余りを表すノード（過剰人数）にアークに流すことにする．ダミーナースの 56 回分がすべてこのノードに流れれば人数不足は起こらないので，このアークにはコスト 0 を設定する．

各シフトに対する過剰人数については，各日のシフトノードから過剰人数ノードにアークを設定し，そのアークの流量で表すことにする．そして，そのアークコストに人数過剰の重みを与える．図 4.6 にこれらのアークやノードを加えたものを示す．このようなネットワークの表現方法は 1 種類ではなく，ここで示す例が絶対というわけではないことに注意してほしい．

ここで，供給ノードは 1 番左のナース（供給量 7）×8 人と，ダミーナース（供給量 56），需要ノードは各日各シフト（需要量 2）×2 シフト ×14 日と，ダミー勤務（需要量 56）である．合計で 116 が供給ノードから需要ノードへ流れるわけだが，ダミーナースから各日の各シフトへのアーク，各日各シフトから

4.4 ナース・スケジューリングにおける割当構造

過剰人数へのアークの流量がすべて 0 だった場合は，シフトの並びを考慮するナース制約条件 (3) 以外の制約を満たす目的関数 0 の解が得られたといえる．

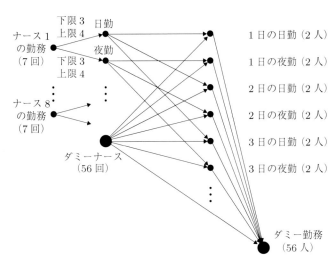

図 4.6　不足人数・過剰人数を表すアークとダミーノードの導入

ここでは，休み，日勤，夜勤の回数の下限，上限が，それぞれ (7,7), (3,4), (3,4) の場合で例を示したが，休みの回数の上限が 8，つまり勤務合計回数の下限が 6 だった場合についても，簡単に説明してみる．その場合，1 番左のナースノードの供給量が 6 もしくは 7 になるので，勤務が 7 回より 1 回少なくなることを許すことになる．そこで，ナースノードからダミー勤務にアークを設定し，流量の下限と上限をそれぞれ 0 と 1，コストを 0 に設定する．つまり，このアークを流れる量が，ナースノードに与えられた供給量 7 に対し，「実際には勤務しなかった数」を表すのである．

もう少し一般的に表すためには，以下のような手順が考えられる．まず，休み回数の下限と上限から，勤務合計数の下限と上限を計算する．そして，ナースノードの左側に，スーパーノードというノードを設定し，各ナースのノードにアークを設定して，アークの流量の下限と上限を勤務合計数の下限と上限（1 つ上の例では 6 と 7）に設定する．アークコストは 0 である．さらに，スーパー

4章　割当構造を意識する

ノードからダミーナースのノードにアークを設定し，アーク上の流量の下限と上限を 0 と無限大，アークコストを 0 とする．

同様に，ネットワークの 1 番右にスーパーノードを置き，各日の各シフトノードからアークを設定し，アーク流量の下限と上限をそのシフトに必要な人数の下限と上限とし，アークコストを 0 とする．また，過剰人数ノードから右のスーパーノードへアークを設定し，アーク上の流量の下限と上限を 0 と無限大，アークコストを 0 とする（図 4.7 参照）．

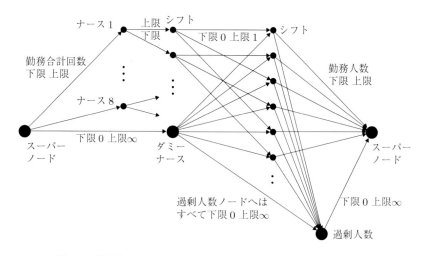

図 4.7 循環ネットワーク上の最小費用流問題（元の問題の緩和問題）

最後に，左のスーパーノードと右のスーパーノードは同じもの（1つのノード）として扱うことにし，すべてのノードが供給量も需要量も持たない循環ネットワークと考える．このネットワークでは，ダミーナースのノードからシフトに向かうアークとシフトから過剰人数ノードに向かうアークのみ正の値のコストを持ち，それ以外のアークのコストは 0 である．また，ダミーナースのノードからシフトに向かうアークとシフトから過剰人数ノードに向かうアークの流量上限を無限大 (∞) としてあるが，現実的には，3 章の式 (3.18) と式 (3.19) で示したように，許される違反量（勤務人数の下限を下回る数，上限を上回る数）

84

4.4 ナース・スケジューリングにおける割当構造

の上限 (u^-_{rjk}, u^+_{rjk}) を設定することも有効と考えられる．これらの設定によって，一部の制約条件を無視した緩和問題は，最小費用流問題になり，線形計画問題として比較的簡単に解ける．そして，各シフトにおける過不足人数の最小化ができる．

ここで，残された問題は，無視していた（緩和していた）2つの制約条件の扱いである．1つは，ナース制約条件 (3) の「禁止されるシフト並びを避ける」ことを考慮できていないことである．つまり，各ナースにとってシフトや休みの回数，確定勤務や不可能勤務を考慮できても，この最小費用流問題の解は，許されないようなシフトの並びがたくさん存在する可能性がある．

もう1つは，スキルレベルや担当患者で分けられたナースグループの存在を考慮していないことである．この最小費用流問題では，各シフトに勤務するナースの総数は考慮できていても，その中のベテランの数やある患者に対応できるナースの数が揃っているとは限らない．もしも，グループ分けの基準が1つだけの場合，例えば，スキルレベルで分けたベテラン，中堅，新人のように対象ナースを分割したものだった場合には，各日の各シフトに対しそれぞれのグループのノードを作成することによって，グループからの勤務人数を考慮することができる．しかし，スキルレベルだけでなく担当患者でもグループ分けされていた場合には，1人のナースが複数のグループに所属することになり，そのナースがあるシフトで勤務することが，複数のグループにおける人数に影響するため，流量1の意味が定まらなくなるからである．

図 4.7 のネットワークでは，ナース i のシフトノード k から右側の日 j のシフト k のノードに流量1が流れることが，3章の定式化1の x_{ijk} が1になることに対応している．これに対し，定式化2や定式化3を基に考えれば，スケジューリング期間の長さを持つパターン（1人分のスケジュール）を割り当てる，もしくは1週間分のパターンを割り当てるといった単位の異なる割当構造も考えられる．しかし，定式化2に基づく割当では，図 4.7 のネットワークで緩和していたナース制約条件 (3) を考慮できるようになっても，各シフトの勤務人数を流量で表すことが難しくなる．また，定式化3に基づく割当においても同様な難しさがある．

4 章　割当構造を意識する

　ここで示した最小費用流問題が，ナース・スケジューリングのアルゴリズム構築に役立つのかというと，直接の利用はかなり難しいと考えられる．緩和した条件，特にナース制約条件 (3) の数が非常に多いことから，最小費用流問題の解を元の問題の実行可能解に修正することが困難だからである．

　この章では，ナース・スケジューリングが持つ割当構造やネットワーク構造について考えてみた．アルゴリズム構築にこれらの構造を直接利用するのは難しいものの，問題をできるだけ独立になるように小さな部分問題に切り分けてから考えることは可能だと考える．5 章ではナース・スケジューリングの部分問題を定義し，7 章で，この部分問題におけるネットワーク構造（この節で示したものとは，まったく異なるもの）やその利用方法について詳しく述べる．

5章

問題の部分解を意識して解く

現実の問題を解決するには，暫定的に与えた目的関数に対し1つ最適解を与えれればよい，というだけでは済まない場合も多い．その解が全体の解空間の中でどんな存在かということは，解の修正のためにも，納得のためにも必要である [62]．このことについては，本章を含め，6章，7章，9章でもそれぞれ議論していきたい．

現実問題では，多くの場合，与える目的関数が暫定的なものであって，人間の頭の中に存在する潜在的な制約や希望を厳密には表せないことから，最適解であるという証明よりも，現場にとって最適であろう解，もしくはそれに極力近い解を素早く得ることも求められる．したがって，ナース・スケジューリング研究のほとんどが，ヒューリスティック・アルゴリズムを提案するものである．その中でも，ナース・スケジューリングに限らず一般整数計画問題を汎用的に扱える高速アルゴリズムとして，メタヒューリスティック・アルゴリズムを利用した Nonobe, Ibaraki の WCSP [56] は有名である．

この章からは，CPLEX, Gurobi, SCIP [67], WCSP 等の最適化汎用ソルバーを利用して一般整数計画問題としてのナース・スケジューリング問題を解くというより，ナース・スケジューリングの問題構造を意識したアルゴリズムを考えることによって得られる情報を意識して話を進めたい．

5.1 問題を分解して考える

いっぺんに解くことが難しい問題に対し，問題を小さく分解して扱うことがある．

ナース・スケジューリングで考えると，スキルレベルで分けて，ベテラング

ループの勤務表，中堅グループの勤務表，新人グループの勤務表を独立に作成することが思いつく．また，担当患者によってナースがチーム分けされていれば，チーム毎に勤務表を作成して最後にできあがった勤務表を合体することや，スケジューリング期間を分割し，例えば，上旬，中旬，下旬の勤務表をそれぞれ作成して最後に合体することも思いつくかもしれない．しかし，それが可能かどうかは別問題なので，この節で詳しく考えてみることにする．

さて，スキルレベルで分けて解く例としては，乗務員スケジューリングでみられるサイクリック・スケジューリング (cyclic scheduling) が挙げられる．スキルレベルが整った下で（グループ分けされたグループ内）のスケジューリングを前提としている．節の内容から少しそれるが，サイクリック・スケジューリングは勤務表作成を学ぶ上で比較的重要なので，簡単にその方法を説明しておこう．

例えば，あるレベルの客室乗務員が40人いたとすると，サイクリック・スケジューリングでは，各乗務員の負荷が同じになるように，人数と同じ長さの40日をスケジューリング期間とし，以下のような手順を踏む．

まず，乗務対象のフライトの1日分をすべて含むような1人分の40日スケジュールを作成する．もちろん，このスケジュールを作成するには，出発地と出発時刻，到着地と到着時刻，休みが取れる日，その休みの日がホームグランドであるか否か等を考慮して，理想的なものを考えなくてはいけない．しかし，これができてしまえば，あとは同じスケジュールを40人の乗務員に1日ずらしで割り当てればよいことになる．

雰囲気を理解するために，対象を3交替制勤務にして，小さい例で考えてみる．7人の7日間の勤務表作成で，毎日，日勤3人，準夜勤1人，深夜勤1人が必要だったとする．まず，日勤を3回，準夜勤を1回，深夜勤を1回含むような1人分の7日スケジュールを，シフトの並びに無理がないように作成する．例えば，日勤→日勤→日勤→休み→準夜勤→深夜勤→休みというスケジュールができたとすると，7人のスケジュールは，表5.1のようになる．

毎日の各シフトの勤務人数が揃うだけでなく，各スタッフのシフトや休みの数が均等になっていることがわかる．ちなみに，このスケジューリングの後には，7人分のスケジュールをどのスタッフに割り当てるかという問題も残って

おり，休みが土日に重なっているか否かも，現実の勤務表作成においては重要なことである．

表 5.1 サイクリック・スケジューリングの例（7 人，7 日間）

スタッフ	\multicolumn{7}{c	}{対象日}	\multicolumn{4}{c	}{回数}

スタッフ	1	2	3	4	5	6	7	日	準	深	休
1	日	日	日		準	深		3	1	1	2
2		日	日	日		準	深	3	1	1	2
3	深		日	日	日		準	3	1	1	2
4	準	深		日	日	日		3	1	1	2
5		準	深		日	日	日	3	1	1	2
6	日		準	深		日	日	3	1	1	2
7	日	日		準	深		日	3	1	1	2
日	3	3	3	3	3	3	3	\multicolumn{4}{l	}{日：日勤}
準	1	1	1	1	1	1	1	\multicolumn{4}{l	}{準：準夜勤}
深	1	1	1	1	1	1	1	\multicolumn{4}{l	}{深：深夜勤}

なお，論文によっては，同じスケジュールを繰返し適用することをサイクリック・スケジューリングと呼んでいるものもあるが，少し意味が異なることを意識してほしい（もちろん，サイクリック・スケジューリングの結果を繰返し適用する場合もあるとは思う）．

話を元に戻すが，一般的に考えて，ナース・スケジューリングには表 5.1 で説明したようなサイクリック・スケジューリングを適用できない．毎月異なる休み希望や勤務希望が出てくる状態で，人を特定しないで人数分のスケジュールを作成し，それを後からナースに割り当てることは，ほぼ不可能に等しいからである．そして，以下に説明するが，スキルレベル毎にそれぞれ独立に勤務表を作成することが難しいのである．

人数に余裕がない下では，各シフトに対しベテランナースがちょうど何人必

要という制約をつけてしまうと，人数が足りなくなってしまうか，スキルレベルの高いナースに過重負荷がかかってしまう．また，少ない人数の制約をつければ，看護の質に不安が生じる．そこで，それ以外のレベルのナースとの組合せ「ナース組合せが生み出す看護の質（レベル）を保つこと」で対応することになる．具体的には，ベテランと中堅をあわせて何人以上必要，全体で何人以上何人以下にする，というように考える．つまり，スキルレベルで分けられたグループにまたがる制約で対応するのである．さらに，ナース組合せを考える際には，スキルレベルだけではなく，担当患者で分けられたグループ，例えば，東側患者担当のナース，西側患者担当のナース，といったグループからの人数バランスも考慮すべきである．グループにまたがる制約が与えられた下で，グループ毎に勤務表を作成して後から統合する方法もないではないが，例えば，深夜勤にベテラン1人以上という条件で勤務表を作成し，同じく深夜勤に中堅1人以上という条件で勤務表を作成して統合しても，ベテランと中堅あわせて3人必要という条件があれば，統合する際に修正が必要であり，結局一緒に作成したほうが効率が良いということになる．

また，スケジューリング期間を7日や10日に分けてそれぞれ作成し，あとからそれらを統合することはもっと難しい．なぜなら，ナース・スケジューリングはシフトの並びに対する条件が非常に多いという特徴を持つからである．独立に作成された2つの短い勤務表を並べたときに，すべてのナースにとってシフト並びの条件を違反していない確率は，かなり低いといっていい．さらに，全期間をつなげたときに，シフトや休みの回数が与えた上下限に収まることも難しい．著者の経験からいうと，なんらかの方法で初めの20日間まで実行可能な勤務表ができたとしても，その翌日あたりから（1日分であっても）その日の人数を揃えようと思うと，多くのナースに実行可能なシフトが入らなくなってくる．もちろん現場でも，月初から1日ずつ順にシフトを埋めることや，期間を区切ってそれぞれ独立に勤務表を作成することはないという．

しかしその一方で，独立性の高い部分とそうでない部分を意識することは，この問題の構造を利用したアルゴリズムを構築する際には重要であると考えられる．現場の勤務表作成を観察していてよく見られたこととして，2交替制勤務表において強い制約が課せられる夜勤を優先して決定していくことや，キーに

なるナース，スキルレベルの高いナースのスケジュールを優先して決定していくことが挙げられる．また，勤務表にシフトの記号を記入する際，1人のナースの連続した数日間を記入しては全体を眺め，かなりの確率でその部分を消し，また違う場所の数日間に記号を記入する，といったことを繰り返す．勤務表作成者の頭の中で，なんらかの部分に注目して，ある塊（連続する日など）で解を構築していることがうかがえる．

次節からは，比較的独立に扱いやすい部分に分割し，それらをそれぞれ部分問題として捉え，全体にまたがるそれ以外の制約条件をそれぞれの部分問題にうまく反映させる方法について考えてみる．

5.2 部分問題と結合制約

3章の定式化1における制約式において，変数の項を左辺に，定数の項を右辺に移項することを考える．上下限を考慮する式 (3.2) を，

$$\sum_{i \in G_r} x_{ijk} + \alpha_{rjk}^- \geq a_{rjk} \qquad r \in R,\ j \in N,\ k \in W$$

$$\sum_{i \in G_r} x_{ijk} - \alpha_{rjk}^+ \leq b_{rjk} \qquad r \in R,\ j \in N,\ k \in W$$

と2つに分ける．同様に，上下限を考慮する式 (3.3) も，

$$\sum_{j \in N} x_{ijk} \geq c_{ik} \qquad i \in M,\ k \in W$$

$$\sum_{j \in N} x_{ijk} \leq d_{ik} \qquad i \in M,\ k \in W$$

と書き直す．そして，各制約式の中では，ナース毎に関わる変数が連続するように並べた状態を考えると，制約式の係数行列は図 5.1 のようになる．

上部にすべてのナースに関わる制約であるシフト制約条件の制約式の係数，そして，その下にナース毎のナース制約条件となる制約式の係数が，小さなブロックの形で並ぶ問題になることがわかる．また，ブロックのそれぞれが独立なので対角に位置するようになるが，この部分の行列をブロック対角構造 (block-diagonal structure) と呼ぶ．シフトの並びの条件を含んだナース制約条件の多

5 章　問題の部分解を意識して解く

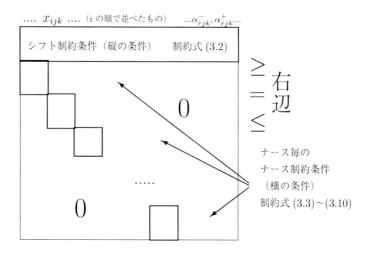

図 5.1　定式化 1 の制約式の係数行列のイメージ

さは，ナース・スケジューリングの特徴であると前にも述べたが，実際，その式の数はシフト制約条件の式の数よりかなり大きいものになる．

もし，ナース・スケジューリングにおいてシフト制約条件を無視した場合，問題は，ナース数分の「完全に独立な小さな問題」，つまり，1 人分の実行可能スケジュールを作る問題に分解できる．ここでは，分解された小さな問題を部分問題 (subproblem) と呼ぶことにする．もちろん，現実にはシフト制約条件を無視することはできないが，シフト制約条件を部分問題の実行可能解を組み合せるための結合制約 (linking constraint) と考えることができる．

ここで，3 章の定式化 2 を思い出してもらいたい．定式化 2 に登場したナース i の実行可能スケジュールの集合 P_i は，まさにこの部分問題（ナース i に対応するもの）の実行可能解の集合であり，この実行可能解を結合させるのがシフト制約条件となっている．

逆に考えると，各部分問題において，シフト制約条件を満たすように対象ナースのスケジュールを作成すればよいことになる．この視点で考えた部分問題の定義を次節で紹介する．

5.3 ナース毎に設定した部分問題

ナース i に関する部分問題を考える前に，ナース i のスケジュールを除いた（空欄にした）勤務表のコスト（目的関数値）が以下のように計算できることを確認しておこう．

$$\sum_{r \in G} \sum_{j \in N} \sum_{k \in W} \max \{ 0, \ w_{rjk}^{-} (a_{rjk} - \sum_{\substack{i' \in G_r \\ i' \neq i}} x_{i'jk}), \ w_{rjk}^{+} (\sum_{\substack{i' \in G_r \\ i' \neq i}} x_{i'jk} - b_{rjk}) \}$$

この勤務表にナース i のスケジュール （$x_{ijk}, j \in N, k \in W$ の値）を加えたときに，この値にどのように影響を与えるかを，変数 x_{ijk} それぞれに関して考えると，ナース i が日 j のシフト k に入った場合に，ナースグループ r のナースの勤務不足人数を減らすことができるのであれば負のコスト（ペナルティを減らせる量），勤務人数を超過するのであれば正のコスト（ペナルティを与える量）が，以下のように加算されることがわかるだろう．

$$\begin{cases} -w_{rjk}^{-} & a_{rjk} - \sum_{\substack{i' \in G_r \\ i' \neq i}} x_{i'jk} > 0 \ \text{かつ} \ i \in G_r \text{のとき} \\ w_{rjk}^{+} & \sum_{\substack{i' \in G_r \\ i' \neq i}} x_{i'jk} - b_{rjk} \geq 0 \ \text{かつ} \ i \in G_r \text{のとき} \\ 0 & \text{それ以外のとき} \end{cases}$$

ここで，ナース i がグループ r のメンバー（$i \in G_r$）かどうかを $g_{ir} = |G_r \cap \{i\}|$（メンバーなら 1，そうでなければ 0）で表すことにし，x_{ijk} のコスト C_{ijk} を以下のように表す．

$$C_{ijk} = \sum_{r \in G} \max \{ 0, \ w_{rjk}^{-} (a_{rjk} - g_{ir} - \sum_{\substack{i' \in G_r \\ i' \neq i}} x_{i'jk}),$$
$$w_{rjk}^{+} (g_{ir} + \sum_{\substack{i' \in G_r \\ i' \neq i}} x_{i'jk} - b_{rjk}) \}$$

この C_{ijk} を使って，部分問題 i の定式化を以下のように表す．

5 章 問題の部分解を意識して解く

部分問題 i（ナース i）の定式化 1

$$\text{Minimize} \quad \sum_{j \in N} \sum_{k \in W} C_{ijk} x_{ijk} \tag{5.1}$$

subject to

$$c_{ik} \leq \sum_{j \in N} x_{ijk} \leq d_{ik} \qquad\qquad k \in W \tag{5.2}$$

$$x_{ijk} = \tau \qquad\qquad (i,j,k) \in F_\tau,\ \tau \in \{0,1\} \tag{5.3}$$

$$\sum_{h=2}^{e_k} x_{i \cdot j-h \cdot k} - (e_k - 1) x_{i \cdot j-1 \cdot k} + (e_k - 1) x_{ijk} \geq 0$$

$$j \in N,\ k \in W \tag{5.4}$$

$$\sum_{h=0}^{f_k} x_{i \cdot j-h \cdot k} \leq f_k \qquad\qquad j \in N,\ k \in W \tag{5.5}$$

$$x_{i \cdot j-t \cdot k} - \sum_{h=1}^{t-1} x_{i \cdot j-h \cdot k} + x_{ijk} \leq 1$$

$$j \in N,\ k \in W,\ t \in \{2, 3, \ldots, u_k\} \tag{5.6}$$

$$\sum_{h=0}^{v_k} x_{i \cdot j-h \cdot k} \geq 1 \qquad\qquad j \in N,\ k \in W \tag{5.7}$$

$$\sum_{h=0}^{t} x_{i \cdot j-t+h \cdot k_l} \leq t \qquad\qquad j \in N,\ (k_0, k_1, \ldots, k_t) \in Q \tag{5.8}$$

$$\sum_{k \in W'} x_{ijk} = 1 \qquad\qquad j \in N \tag{5.9}$$

$$x_{ijk} \in \{0, 1\} \qquad\qquad j \in N,\ k \in W' \tag{5.10}$$

同様に，3 章の定式化 2 に対応させて，λ_{ip} のコスト C_{ip} を以下のように表す．

5.3 ナース毎に設定した部分問題

$$C_{ip} = \sum_{r \in G} \sum_{j \in N} \sum_{k \in W} \max\{0, w_{rjk}^-(a_{rjk} - g_{ir}\delta_{ipjk} - \sum_{\substack{i' \in G_r \\ i' \neq i}} \sum_{p' \in P_{i'}} \delta_{i'p'jk}\lambda_{i'p'}),$$

$$w_{rjk}^+(g_{ir}\delta_{ipjk} + \sum_{\substack{i' \in G_r \\ i' \neq i}} \sum_{p' \in P_{i'}} \delta_{i'p'jk}\lambda_{i'p'} - b_{rjk})\}$$

よって，定式化 2 に対応した部分問題 i の定式化は以下のようになる．

部分問題 i（ナース i）の定式化 2

$$\text{Minimize} \quad \sum_{p \in P_i} C_{ip}\lambda_{ip} \tag{5.11}$$

subject to

$$\sum_{p \in P_i} \lambda_{ip} = 1 \tag{5.12}$$

$$\lambda_{ip} \in \{0, 1\} \qquad p \in P_i \tag{5.13}$$

さらに，定式化 3 にも対応させ，λ_{ihp} のコスト C_{ihp} を以下のように表す．

$$C_{ihp} = \sum_{r \in G} \sum_{j \in N_h} \sum_{k \in W} \max\{0,$$

$$w_{rjk}^-(a_{rjk} - g_{ir}\delta_{ihpjk} - \sum_{\substack{i' \in G_r \\ i' \neq i}} \sum_{p' \in P_{i'}} \delta_{i'hp'jk}\lambda_{i'hp'}),$$

$$w_{rjk}^+(g_{ir}\delta_{ihpjk} + \sum_{\substack{i' \in G_r \\ i' \neq i}} \sum_{p' \in P_{i'}} \delta_{i'hp'jk}\lambda_{i'hp'} - b_{rjk})\}$$

定式化 3 に対応した部分問題 i の定式化は以下のようになる．

部分問題 i（ナース i）の定式化 3

$$\text{Minimize} \quad \sum_{h=1}^{q} \sum_{p \in P_{ih}} C_{ihp}\lambda_{ihp} \tag{5.14}$$

subject to

$$c_{ik} \leq \sum_{h=1}^{q} \sum_{p \in P_{ih}} \rho_{ihpk} \lambda_{ihp} \leq d_{ik} \qquad k \in W \quad (5.15)$$

$$\lambda_{ihp} + \lambda_{i \cdot h+1 \cdot p'} \leq 1 \qquad h=1,\ldots,q-1, p \in P_{ih}, p' \in Q_{ihp} \quad (5.16)$$

$$\sum_{p \in P_{ih}} \lambda_{ihp} = 1 \qquad h=1,\ldots,q \quad (5.17)$$

$$\lambda_{ihp} \in \{0,1\} \qquad h=1,\ldots,q,\ p \in P_{ih} \quad (5.18)$$

部分問題を考える際,対象ナース以外のスケジュールがすでに確定していれば,各定式化における目的関数の係数 C_{ijk}, C_{ip}, C_{ihp} も定数となり,それぞれ独立した最適化問題になる.つまり,なんらかの勤務表(空の勤務表も含む)が与えられれば,対象ナース以外のナースのスケジュールをそのまま固定して,部分問題として設定された最適化問題を解くことによって,元問題の解構築に利用することができる.

5.4　部分問題軸アプローチ

部分問題軸アプローチ (subproblem-centric approach) とは,問題分解に基づく局所探索 (local search) の 1 つである [29].もちろん,元の問題を解くためのものであるが,前節で紹介した部分問題をうまく利用するために以下のような反復方策をとる.

適当に与えた試行解(勤務表)からスタートし,各ナースの部分問題を解いて,それらの解の中で最も目的関数の値が小さくなる解を次の試行解として採用する.そして,この過程を目的関数値が 0 になるまで,もしくはある条件を満たすまで繰り返す.

個々の部分問題に焦点を当てながら全体問題を扱うが,線形計画法における分解アルゴリズム (decomposition algorithm) との混同を避けることもあり,部分問題軸アプローチと呼ぶことにしている.もっと広い意味では,目的関数に「結合制約を違反する度合い最小化」を含むような部分問題を,繰り返し解くことによって目的関数を最小化する「ブロック対角構造問題のためのアプローチ」として考えることができる.

5.4 部分問題軸アプローチ

このアプローチに基づく簡単なアルゴリズムを，2章のMillarの問題例を使って，説明してみよう．Millarの問題例では，前スケジューリング期間との並びも休み希望等を考慮しないので，どのナースにとっても実行可能スケジュールが同じになる（集合 P_i の内容が全員同じである）．以下に，ナース制約条件を再掲する．

■ Millarの問題例におけるナース制約条件
1. 休みを7回以上を確保する．
2. 週末（土日）連休を1回以上確保する．
3. 連続勤務は4日までしか許されない．
4. 夜勤の翌日の日勤（NDとなる並び）は許されない．
5. 夜勤は3連続までしか許されない．

可能であれば
6. 前後の日が休みとなる1日だけの孤立勤務を避ける．
7. 4連続勤務を避ける．避けられない場合は直後の2日間を休みにする．

ここでは，1から6のすべてと，7の「4連続勤務を避ける」という条件を満たす14日分の実行可能スケジュールの中で，休みの数が均等（ちょうど7回），日勤と夜勤の数が均等（それぞれ3回か4回），さらに休み連続数の上限を4という条件を満たす 2,245 通りのスケジュールに絞って考えることにする．つまり，$|P_i| = 2245, i \in M$ である．実行可能スケジュールの一部を表5.2に示す．

2,245 通りのスケジュールを比較評価する計算負荷は重くないので，ここでは，部分問題 i を解くのに，すべてのスケジュールを比較して最も目的関数が小さくなるスケジュール p_i を最適解として選ぶ方法で考えてみる．

ナースが8人なので，全部の部分問題を解くには，合計 $2245 \times 8 = 17960$ のスケジュールを評価することになる．そして，部分問題軸アプローチの枠組みに則って部分問題の中から最小の最適値を探すということは，与えられた試行解（勤務表）に対し，現在採用されている1人分のスケジュールをそれ以外の 2,244 のスケジュール ×8人分と置き換えてみて，1番良い解（勤務表）を探すことにあたる．また，見つかった最良解を次の試行解に選んで，同じことを繰

5 章 問題の部分解を意識して解く

表 5.2 実行可能スケジュール (P_i の要素) の例

スケジュール番号	1 月	2 火	3 水	4 木	5 金	6 土	7 日	8 月	9 火	10 水	11 木	12 金	13 土	14 日
1				D	D			D	D			N	N	N
2				D	D			D	D	N			N	N
3				D	D			D	N			D	N	N
4				D	D			D	N			N	N	N
5				D	D			D	N	N			D	N
6				D	D			D	N	N			N	N
～						....								
2244	N	N	N		D	N			D	D				
2245	N	N	N		D	N			D	D	D			
2246	N	N	N		D	N		D	D	D				

り返す．これは，1つの解の解の近傍を「1人分のスケジュールを他の実行可能スケジュールに置き換えたもの」と定義した場合の局所探索である．

図 5.2 に局所探索の探索のイメージを示す．● を試行解とすると，それを囲む円の中に近傍解が含まれていることを表し，矢印は近傍の中で最も良い解に移動（試行解を更新）することを示している．近傍の中に現在の試行解より良い解が存在しなければ，それを局所最適解（図 5.2 では大きめの●で示してある）として探索を終了する．

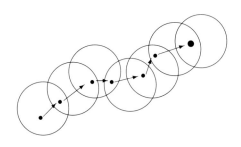

図 5.2 局所探索の探索のイメージ

ここで扱っている問題例では，1つの円の中に，試行解以外に近傍解 17,952 が入っていることになる．そして，試行解より良い解が含まれていればその解

5.4 部分問題軸アプローチ

に移動し，その解を試行解として，その近傍（新しく設定した円）を調べる．もちろん，本節で説明するアルゴリズムのように近傍解すべてを評価する場合もあれば，後の章で紹介するアルゴリズムのように試行解より良い解が見つかった時点で試行解を更新する場合もある．

局所探索の枠組みを利用するには，初期試行解が必要である．ここでは，空の勤務表を初期解に利用する例を示す．よって，各ナースにスケジュールを1つずつ割り当てる解の構築フェーズと，その後の改善フェーズに分けて考えることもできる．各ナースには最初に全く勤務が入っていない空のスケジュール：ダミー・スケジュール p_0 を与えて，アルゴリズムをスタートすることにする．

試行解を $\hat{p}_i, i \in M$，その目的関数値を z と表し，ナース i に関する部分問題 i を解いた際の最適解（ナース i のスケジュール）を p_i，その最適値を z_i として，以下に簡単なアルゴリズムを表してみる．

簡単なアルゴリズム

Step 1. 各ナース $i \in M$ に対し，ダミー・スケジュールを設定：$\hat{p}_i \leftarrow p_0$.

Step 2. $z \leftarrow \infty$.

Step 3. 各ナース $i \in M$ に対し，部分問題 i を解く：P_i の要素の中から，現在採用されている $\hat{p}_i$ と入れ替えた場合に目的関数を最小にするものを選び，最適解 p_i と最適値 z_i を得る．

Step 4. $z_i, \in M$ の値を比べ，最小となる部分問題 i を選び，$z > z_i$ なら，試行解を更新：$\hat{p}_i \leftarrow p_i, z \leftarrow z_i$, Step 3 へ．そうでない場合，終了

これで，なんらかの勤務表が得られるはずである．

一方，単純な局所探索を用いると局所最適解に早めに陥りやすいので，これを防ぐため，メタヒューリスティックス等の枠組みを利用することも多い．メタヒューリスティックスについては，2.2節で簡単に紹介したが，ここでは，その中からタブー探索の仕組みを考えてみる．

タブー探索は，局所最適解に陥ったときにも探索を終了せず，試行解の改悪を許して探索を続ける．ただし，解の更新履歴をとっておき，同じ解に戻らないように試行解が移動する方向をある期間禁止する工夫をしている．解の履歴

を詳細に残すのは，計算量的にもメモリー的にも効率が悪い場合があるので，「ある解に戻らない」というより「ある部分解を含んだ（複数の）解をしばらく採用対象としない」といった考え方を利用することが多い．

ここでは，かつて試行解で採用されたことのある1人分の（あるナースの）スケジュールを，はずした後の一定期間は採用しない（勤務表に戻さない）ことにし，この期間を反復(iteration)の数 T で与えることにする．T は，禁止するスケジュールをリストするタブーリスト(tabu list)のサイズと考えることができる．このリストは，いっぱいになってしまったら古い情報から削除（新しい情報を上書き）し，削除されたスケジュールは再利用を許される．

タブー探索は，図5.2で示したような探索の後も，最後の円（局所最適解の近傍）の中から最も解を悪くしない方向の解に移動し，同様な円が続いていくイメージである．

探索過程で見つかった最も良い解を暫定解として $p_i^*, i \in M$，目的関数値を z^* と表すことにする．また，各スケジュールが何回目の反復ではずされたかを表す降板履歴（反復番号）を t_{ip} で表し，この値が直近 T 回の反復に含まれていた場合，つまり，$t_{ip} \geq t$（現在の反復番号）$-T$ のときには，そのスケジュールをナース i 専用のタブーリスト L_i に登録して採用対象からはずすことを考える．以下に，前述の簡単なアルゴリズムにタブー探索の仕組みを加えたアルゴリズムを示す．

タブー探索に基づく簡単なアルゴリズム

Step 1. 各ナース $i \in M$ に対し，ダミー・スケジュールを設定：$\widehat{p}_i \leftarrow p_0$，
P_i の要素 p の降板履歴を無限過去に設定：$t_{ip} \leftarrow -\infty$，
タブーリストを空に設定：$L_i \leftarrow \emptyset$．

Step 2. $z^* \leftarrow z \leftarrow \infty$．$t \leftarrow 1$．

Step 3. 各ナース $i \in M$ に対し，L_i の要素を禁止した下で部分問題 i を解く：
$P_i \setminus L_i$ の要素の中から，現在採用されている $\widehat{p}_i$ と入れ替えた場合に目的関数を最小にするものを選び，最適解 p_i と最適値 z_i を得る．

Step 4. z_i の値が最小となる部分問題 i を選び,p_i を次の試行解に採用:
$\widehat{p_i}$ の降板履歴を設定:$t_{i\widehat{p_i}} \leftarrow t$,
試行解の更新:$\widehat{p_i} \leftarrow p_i, z \leftarrow z_i$.

Step 5. $z < z^*$ なら,暫定解を更新:$p_i^* \leftarrow \widehat{p_i}, i \in M, z^* \leftarrow z$.

Step 6. $z^* = 0$ なら終了.
そうでない場合,各ナース $i \in M$ に対し,タブーリストを更新:
$L_i \leftarrow \{p \mid t_{ip} \geq t - T, p \in P_i\} \cup \{\widehat{p_i}\}$.
$t \leftarrow t + 1$ とし,Step 3 へ.

記述簡略化のため明示していないが,P_i の要素でないダミー・スケジュールには降板履歴が必要ないので,t_{ip} の登録や L_i の利用は,ダミー・スケジュールが排除された後の改善フェーズに入ってからになる.また,現実問題では $z^* = 0$ で示すような望む解が得られない場合も多いので,アルゴリズムの終了条件には,例えば反復数に上限をつける等の工夫を加える.

その他,比較列挙するというより部分問題を解くアルゴリズムを用意したり,1 回の反復における計算負荷を減らして広い領域を探索できるような工夫を行うことになる.

5.5 アルゴリズム

著者が論文 [29] で Millar の問題例を解いたときも,部分問題軸アプローチの枠組みを利用した.部分問題を解く際には,部分問題の定式化 3 に基づく分枝限定法を利用し,各反復では,すべての部分問題を解くのではなく,現在の試行解より良い解が得られたところで,試行解を更新した.

分枝限定法 (branch and bound method) とは,一部の変数に制約を加える(場合分けする)ことで元の問題を子問題に分け,元の問題や子問題の最適値の下界 (lower bound) や上界 (upper bound) を利用しながら,効率良く探索範囲を絞り込み,最適解を見つける厳密解法である.

与えられた問題を子問題に分けることを分枝 (branch) という.例えば,1 つの 0-1 変数の値を「0 に固定する」場合と「1 に固定する」場合で分枝したり,1 つの整数変数の値域(値がとりうる範囲)を「ある値以下」の場合と「その値

+1 以上」の場合に分枝することが考えられる．また，2つに分枝するばかりでなく，3以上の複数の可能性に分枝する場合もある．

　最小化問題を対象にした場合で説明すると，分枝限定法では，問題の制約条件を一部緩和した緩和問題を解いたときの最適値を，元の問題の最適値の下界（最適値はこれよりは小さくならない）として利用する．また，探索過程で見つかった実行可能解の中で最も良い解を暫定解として保持するが，その目的関数の値（暫定値）は，最適値の上界（最適値はこれよりは大きくならない）として利用できる．下界と上界の値が等しくなれば，それを与えた暫定解が最適解といえる．最大化問題を対象にする場合には，下界と上界を逆に考えればよい．さらに，ある子問題の緩和問題の最適値が暫定値より優れていなければ，その子問題は目指す最適解を与える可能性がない[1]として探索対象からはずす．こうすることによって探索の無駄を省き効率良く最適解を探すことを目指す．

　著者が作った分枝限定法は，部分問題の定式化3における式 (5.17)「週 h に1つしかパターンを採用できない」という制約に基づき，各週，どのパターンを採用するか（どの λ_{ihp} の値を1にするか）で分枝し，その週の実行可能パターンの数 $|P_{ih}|$ だけ子問題を考える．

　下界を得るための緩和問題は，部分問題の定式化3において，式 (5.15) と式 (5.16) を緩和したものとする．簡単にいうと，勤務シフトや休みの合計数や隣接する週とのつなぎを考慮しないで，各週にとって都合の良いパターンを選んだものを緩和問題の最適解とする．

　以下のアルゴリズム説明では，便宜上，部分問題 i で得られた最適解（$\lambda_{ih} = 1$ となるパターン $p \in P_{ih}$, $h = 1, \ldots, q$ で構成される1ヶ月分のスケジュール）を，p_i と呼ぶことにする．

論文 [29] のアルゴリズム

Step 1. 各ナース $i \in M$ に対し，ダミー・スケジュールを設定：$\widehat{p}_i \leftarrow p_0$,
　　　　P_i の要素 p の降板履歴を無限過去に設定：$t_{ip} \leftarrow -\infty$,
　　　　タブーリストを空に設定：$L_i \leftarrow \emptyset$,

---

[1] 正確にいうと，現在の暫定解より良い最適解を与える可能性がない．緩和問題の最適値が暫定値と等しく，暫定解が最適解の場合には，別の最適解が存在する可能性はある．

Step 2. $z^* \leftarrow z \leftarrow \infty$, $t \leftarrow 1$.

Step 3. 各ナース $i \in M$ に対し，L_i の要素を禁止した下で部分問題 i の緩和問題を解いて，緩和最適値の小さい順に，ナースを並べたものを $(i_1, i_2, \ldots, i_m) = (i_j \mid j = 1, \ldots, m)$ とする．$j \leftarrow 1$.

Step 4. $i \leftarrow i_j$ とし，L_i の要素を禁止した下で部分問題 i を解く：最適解 p_i と最適値 z_i を得る．$z_i < z$ なら，Step 6 へ．

Step 5. $j = m$ なら，z_i の値が最小となる部分問題 i を選び，Step 6 へ．そうでないなら，$j \leftarrow j+1$ として，Step 4 へ．

Step 6. p_i を次の試行解に採用：
$\widehat{p_i}$ の降板履歴を設定：$t_{i\widehat{p_i}} \leftarrow t$,
試行解の更新：$\widehat{p_i} \leftarrow p_i$, $z \leftarrow z_i$.

Step 7. $z < z^*$ なら，暫定解を更新：$p_i^* \leftarrow \widehat{p_i}, i \in M, z^* \leftarrow z$.

Step 8. $z^* = 0$ なら終了．
そうでない場合，各ナース $i \in M$ に対し，タブーリストを更新：
$L_i \leftarrow \{p \mid t_{ip} \geq t - T, p \in P_i\} \cup \{\widehat{p_i}\}$.
$t \leftarrow t+1$ とし，Step 3 へ．

Millar の問題例をこのアルゴリズムで解いてみた．解の構築フェーズが終了したとき（反復番号 8 における Step 6 の結果）の試行解とその直後 2 つの試行解，つまり，反復番号 8, 9, 10 の結果の勤務表を表 5.3 に示す．

勤務表の各日の各シフトの人数過不足を確認してもらえれば（過不足の重みがすべて 1 であるなら），目的関数の値が，16, 14, 12 と減っていることがわかると思う．1 回の反復で 1 ナースのスケジュールが入れ替わるが，反復番号 8 から 9 ではナース 4, その次にはナース 3 にスケジュールが変更になっている．反復番号 10 の結果の勤務表は，アルゴリズムが最初に遭遇した局所最適解である．この後の 14 回の反復の間，暫定解は更新されなかった．

最終的には，反復番号 69 で，2.3 節で紹介した表 2.5 の勤務表が得られたので，目的関数の値が，4, 2, 0 と減っていく反復番号 39, 45, 69 における勤務表を表 5.4 に示す．これらの反復の間で変更になったスケジュールを太字で示したが，反復番号 45 から 69 の 24 回の反復では，すべてのナースのスケジュー

ルが入れ替わっている.

　最後に得られた勤務表は,目的関数値が 0 であり,人数を揃えるシフト制約条件,そしてナース制約条件も含め,前述したすべての条件を満たしている. 1 ナースの実行可能スケジュールの数が 2,245 なので(8 人分のスケジュールをナースへ割り当てる冗長さを省いても),$\frac{2245^8}{8!}$ ($\simeq 1.6 \times 10^{22}$) ある勤務表のうちの 1 つである.最適勤務表が他にいくつ存在するかは,実際に数え上げてみないとわからない.最適解の数え上げについては,7 章で述べることにする.

　同じアルゴリズムで,2.1 節,2.5 節や 3.6 節で紹介した問題例 Ikegami-3shift-DATA1 を解いた結果 [29] を表 5.5 に示す.この解(勤務表)の目的関数値は 6 である. 11 日,12 日の深夜勤に B グループのベテランや準ベテランがいないこと,12 日の準夜勤,22 日の深夜勤に A グループのベテランがいないこと,21 日,29 日の日勤に B グループのベテランが 1 人しかいないこと,の 6 つ(それぞれ 1 人不足)に対応する.最適解(表 2.10 の勤務表)の目的関数値が 2 であるのに対しちょっと劣ってはいるものの,2.2 節で述べたように,この解が得られた当時はまあまあの結果だと考えられた.

5.5 アルゴリズム

表 **5.3** 反復 8, 9, 10 における勤務表

ナース番号	1月	2火	3水	4木	5金	6土	7日	8月	9火	10水	11木	12金	13土	14日	休み	日勤 D	夜勤 N	週末連休
1	N	N	N		D	N			D	D					7	3	4	1
2	N	N	N		D	N			D	D					7	3	4	1
3			D	D	N		D	N		N					7	3	4	1
4			D	D	N		D	N		N					7	3	4	1
5				D	N		D	N	N		D	N			7	3	4	1
6				D	N		D	N	N		D	N			7	3	4	1
7	D	N	N				D	N			D	N			7	3	4	1
8	D	N	N				D	N			D	N			7	3	4	1
D	2	2	2	2	2	2	2	2	2	2	2	2	**0**	**0**				
N	2	**4**	**4**	2	2	2	2	2	2	**6**	2	**0**	2	**0**				

ナース番号	1月	2火	3水	4木	5金	6土	7日	8月	9火	10水	11木	12金	13土	14日	休み	日勤 D	夜勤 N	週末連休
1	N	N	N		D	N			D	D					7	3	4	1
2	N	N	N		D	N			D	D					7	3	4	1
3			D	D	N		D	N		N					7	3	4	1
4		**D**	**D**	**N**		**D**	**N**			**N**	**N**				7	3	4	1
5				D	N		D	N	N		D	N			7	3	4	1
6				D	N		D	N	N		D	N			7	3	4	1
7	D	N	N				D	N			D	N			7	3	4	1
8	D	N	N				D	N			D	N			7	3	4	1
D	2	2	2	2	2	2	2	2	2	2	2	**0**	**0**					
N	2	**4**	**4**	2	2	2	2	2	**5**	2	**1**	2	2	**0**				

ナース番号	1月	2火	3水	4木	5金	6土	7日	8月	9火	10水	11木	12金	13土	14日	休み	日勤 D	夜勤 N	週末連休
1	N	N	N		D	N			D	D					7	3	4	1
2	N	N	N		D	N			D	D					7	3	4	1
3		**D**	**D**	**N**		**D**	**N**			**N**	**N**				7	3	4	1
4			D	D	N		D	N		N					7	3	4	1
5				D	N		D	N	N		D	N			7	3	4	1
6				D	N		D	N	N		D	N			7	3	4	1
7	D	N	N				D	N			D	N			7	3	4	1
8	D	N	N				D	N			D	N			7	3	4	1
D	2	2	2	2	2	2	2	2	2	2	2	**0**	**0**					
N	2	**4**	**4**	2	2	2	2	2	**4**	2	2	2	**0**					

5章 問題の部分解を意識して解く

表 5.4 反復 39, 45, 69 における勤務表

ナース番号	1月	2火	3水	4木	5金	6土	7日	8月	9火	10水	11木	12金	13土	14日	休み	日勤 D	夜勤 N	週末連休
1	N	N		D	D				D	D				N	7	4	3	1
2	N	N			D	N	N				D	D			7	3	4	1
3			D	D	N			D	D		N	N			7	4	3	1
4			D	D		N	N			D	N	N			7	3	4	1
5				D	N			N	N	N			D	D	7	3	4	1
6				N	N			N	N			D	D	D	7	3	4	1
7	D	N	N			D	D				D	N			7	4	3	1
8	D	N	N					D	D				N	N	7	3	4	1
D	2	2	2	2	2	**1**	2	2	2	2	2	2	2	2				
N	2	**4**	2	2	2	2	2	2	2	2	2	2	**1**	2				

ナース番号	1月	2火	3水	4木	5金	6土	7日	8月	9火	10水	11木	12金	13土	14日	休み	日勤 D	夜勤 N	週末連休
1	N	N		D	D				D	D				N	7	4	3	1
2	N	N			D	N	N				D	D			7	3	4	1
3	D	D				D	D	N		N	N				7	4	3	1
4		D	D			N	N			D	N	N			7	3	4	1
5			D	D	N				N	N			D	D	7	4	3	1
6				N	N			N	N			D	D	D	7	3	4	1
7			N	N		D	D	D				D	N		7	4	3	1
8	D	N	N					D	D				N	N	7	3	4	1
D	2	2	2	2	2	2	2	2	2	2	2	2	2	2				
N	2	**3**	2	2	2	2	2	2	2	2	2	2	**1**	2				

ナース番号	1月	2火	3水	4木	5金	6土	7日	8月	9火	10水	11木	12金	13土	14日	休み	日勤 D	夜勤 N	週末連休
1				D	D				D	D			N	N	7	4	3	1
2	N	N			D	N	N				D	D			7	3	4	1
3	D	D	N			D	D				N	N			7	4	3	1
4	D	D	D			N	N			N	N				7	3	4	1
5				D	N			N	N			D	D	D	7	4	3	1
6			D	N	N			N	N			D	D		7	3	4	1
7	N	N				D	D	D				D	N		7	4	3	1
8			N	N		D	D				D	N			7	3	4	1
D	2	2	2	2	2	2	2	2	2	2	2	2	2	2				
N	2	2	2	2	2	2	2	2	2	2	2	2	2	2				

5.5 アルゴリズム

表 5.5 問題例 (Ikegami-3shift-DATA1) を解いた結果 (目的関数値 6) [29]

ナース番号	1水	2木	3金	4土	5日	6月	7火	8水	9木	10金	11土	12日	13月	14火	15水	16木	17金	18土	19日	20月	21火	22水	23木	24金	25土	26日	27月	28火	29水	30木	休み /	日勤 −	準夜勤 e	深夜勤 n	他勤務 +
A 1	e	e	/	/	−	n	n	e	e	−	/	/	e	−	−	−	/	/	e	e	−	−	−	e	/	/	e	n	−	−	10	10	6	4	0
2	n	−	−	−	/	/	e	−	−	e	/	/	+	−	n	e	/	/	−	e	−	−	n	/	/	e	n	n	−	n	9	11	4	5	1
3	−	−	−	e	/	/	e	e	e	n	/	/	−	n	n	−	/	/	−	−	+	−	−	/	/	e	e	/	/	−	9	13	4	4	0
4	/	/	e	−	−	−	/	/	e	n	n	−	/	/	e	e	−	−	/	/	−	n	n	e	/	/	e	e	−	e	10	11	4	4	1
5	−	n	n	−	−	e	/	/	−	−	−	−	/	/	e	e	e	−	/	/	+	−	n	n	−	/	/	−	e	e	10	11	5	6	0
6	−	−	−	e	/	/	e	e	/	/	−	n	n	−	/	/	e	e	−	−	/	/	−	n	n	e	/	/	e	e	10	8	6	6	0
7	−	e	/	/	n	n	−	−	e	/	/	e	e	−	−	/	/	n	n	−	e	e	/	/	−	e	−	−	/	/	10	14	4	2	0
8	e	−	−	−	/	/	e	n	n	−	/	/	−	−	e	e	/	/	n	n	−	e	e	/	/	−	−	−	−	e	10	11	4	4	1
9	/	/	−	n	n	e	/	/	−	−	−	e	/	/	+	−	−	e	/	/	−	e	−	−	n	/	/	e	e	−	10	11	6	3	0
10	+	e	−	−	/	/	e	−	−	+	−	−	/	/	e	e	−	−	−	/	/	n	n	−	e	/	/	−	e	−	10	11	5	2	2
11	−	−	/	/	e	e	e	n	/	/	−	e	−	−	n	/	/	+	−	n	n	−	/	/	−	e	−	−	/	/	10	11	4	4	1
12	e	n	n	−	/	/	−	−	n	−	/	/	−	−	e	e	e	/	/	n	n	−	−	e	/	/	−	−	e	/	10	15	2	2	1
13	−	−	−	n	n	−	/	/	−	−	e	e	/	/	−	−	−	e	/	/	e	−	n	n	/	/	e	e	−	/	10	11	6	2	0
B 14	−	e	−	−	n	/	/	e	e	+	−	/	/	−	e	−	e	n	/	/	e	−	n	−	−	/	/	e	n	n	10	9	6	4	1
15	e	−	−	−	−	/	/	e	e	−	−	/	/	e	e	e	−	−	/	/	e	+	e	/	/	n	−	−	/	/	9	11	6	4	0
16	−	n	n	/	/	e	−	−	e	−	/	/	n	−	−	−	e	/	/	−	n	n	e	−	/	/	e	e	/	/	9	7	6	6	2
17	/	/	e	e	−	n	−	/	/	e	−	−	−	/	/	e	−	−	n	+	/	/	−	−	e	e	/	/	+	−	10	9	6	4	1
18	/	/	−	−	e	e	−	/	/	e	e	n	−	−	/	/	−	e	−	e	n	/	/	+	−	−	e	/	/	+	10	9	6	4	0
19	−	−	e	+	−	−	/	/	e	e	n	/	/	e	n	n	−	−	/	/	e	−	−	e	n	/	/	+	−	−	10	14	2	2	2
20	−	e	e	e	−	/	/	−	−	−	−	/	/	e	n	+	−	−	e	/	/	n	n	−	−	e	/	/	−	e	10	12	5	2	1
21	n	n	−	−	−	−	/	/	−	−	e	n	/	/	e	e	−	−	−	/	/	−	n	n	−	−	/	/	e	e	9	10	6	4	1
22	+	−	−	−	−	e	/	/	−	−	−	e	/	/	e	−	e	−	n	/	/	+	−	−	e	e	/	/	+	−	10	12	4	2	2
23	−	−	e	−	e	−	/	/	−	−	−	−	/	/	−	−	n	−	n	/	/	e	e	−	−	−	/	/	e	−	10	13	4	2	1
24	e	−	−	−	e	/	/	e	−	−	−	e	/	/	−	−	−	e	/	/	n	n	e	e	e	/	/	e	−	−	9	14	5	2	0
25	−	−	−	−	e	−	/	/	−	e	e	−	/	/	e	n	−	−	−	/	/	n	−	−	e	/	/	−	e	e	9	11	4	6	0
日勤	9	9	10	11	10	9	8	10	7	9	10	11	10	11	8	10	7	8	9	10	9	10	11	8	9	8	11	11	11	9					
準夜勤	4	4	4	4	4	4	4	4	4	4	4	4	4	4	4	4	4	4	4	4	4	4	4	4	4	4	4	4	4	4					
深夜勤	3	3	3	3	3	3	3	3	3	3	3	3	3	3	3	3	3	3	3	3	3	3	3	3	3	3	3	3	3	3					

「はじめての論文」

　著者がOR学会の論文誌 *JORSJ* に初めて書いた論文は，ビークル・ルーティングについてだった．とても幼稚な論文だったが，この論文には思い出がたくさんある．

　この論文を書こうと思ったきっかけは以下のようなものである．学会にほとんど知り合いもない中で，学会の春季大会（たしか仙台）で，この内容の発表をしたところ，2人の先生が質問してくださった．詳細な内容に対する質問で，とてもうれしかったうえ，お1人の先生が「ぜひ，論文にまとめてはいかがでしょう」とご助言をくださったのである．

　うれしい気持ちを抱えながら東京に戻った後，「はてさて独学の私が論文など書いてもよいものか」と考えた．さんざん悩んだ末，「よし，書こう．もしも採択されるようなことがあったら，私は研究者として活動する決心をしよう」と（ちょっと大げさながら）決めた．

　内容は他愛ないものだったし，論文の書き方だって穴だらけだったが，素晴らしい運に恵まれたのは，査読者の先生方のご指導を受けられたことである．査読レポートには，読むべき論文のリストだけでなく，どうしたら論文が良くなるかが，とても丁寧に書かれていた．自分の未熟さを恥ずかしいと思いながらも，こんなご指導を受けられるのかと感謝と驚きでいっぱいになった．そして，ご助言の意味を真剣に考え，読むべき論文を自分なりにも加えて学び，ゆっくり時間をかけて論文を改訂した．悩み悩みの再投稿のあと，採択されたときのうれしさは今でも忘れられない．「研究者になろう！」と夢のようにふわふわしていたことを憶えている．

　投稿してから出版まで2年近くかかった．論文が出版されることを毎日楽しみに待っていた著者だが，論文誌 *JORSJ* が届いた当日，大学メールボックスから論文誌を抱えて研究室に戻ったとき，電話がなった．なんと，掲載論文についての講演依頼だった．

　著者にとっては，まるで作ったような夢のような話だった．「私の論文を読んでくださった先生がいらした！」と舞い上がってしまったことは，読者のみなさんのご想像の通りである．　　　（7章末「虫食い論文事件」に続く）

6章

問題の条件を緩和して解く

5章では，部分問題を設定する際に，対象ナース以外のナースのスケジュールを与えられた1つの勤務表のものに固定した．つまり，元の問題の条件をきつくしたものを部分問題としてナース数分だけ解き，その中で有望なものを試行解として改善を続けた．

これに対し，本章では，制約をいったん緩めて全体を見渡す方策を考えてみる．緩和問題の利用については，5.5節の分枝限定法の説明の中でも簡単に述べた．元の問題において比較的影響力の少ない制約条件を緩めて（なかったことにして）解くと，緩和した制約を守らないで目的関数にとって少々都合の良い（本当の最適値より良い値を与える）解が得られる可能性があるものの，元の問題の最適値を見積もることができる．一般的に，緩和問題を考えるのは元の問題が簡単には解けない場合であり，緩和することにより非常に簡単に解けることを前提にしている．

6.1節では，ナース・スケジューリングから少し離れるが，組合せ最適化問題として広く知られている巡回セールスマン問題 (TSP: traveling salesman problem) を対象に，緩和問題の意味を考えてみる．巡回セールスマン問題の緩和問題は1種類だけではないが，ここでは4章で紹介した割当問題を緩和問題として取り上げ，それぞれの制約条件や解を比べてみる．そして，6.2節以降で，2交替制のナース・スケジューリング問題例を対象に，緩和問題の設定と求解における緩和問題の利用方法を考える．

6章 問題の条件を緩和して解く

6.1 緩和問題：「巡回セールスマン問題」を例に

巡回セールスマン問題は，与えられた都市のすべてをちょうど1回ずつ訪れ，コスト（距離，時間，運賃等）最小で元の都市に戻る巡回路を見つける問題である [43]．

図 6.1 は，8 都市を対象とした場合の巡回セールスマン問題の解の例である．一筆書きで巡回路ができていることを確認してほしい（以降，都市を点と言い換えて話を進める）．

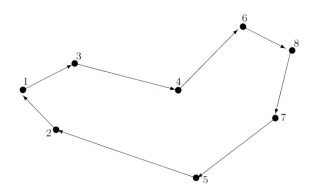

図 **6.1** 巡回セールスマン問題の解の例

この問題の制約条件は，まず各点をちょうど1回訪れることであり，訪れる回数が0回でも2回以上でもいけない．1つの点から考えると，対象点に訪れる前に訪れた点はちょうど1つであり，対象点の次に訪れる点もちょうど1つということである．

もう1つの制約条件は，「一筆書き」である．巡回路はすべての点を含むべきであり，複数の巡回路が存在してはいけない．複数の巡回路が存在する場合，1つ目の制約条件と一緒に考えると，どの巡回路も，与えられた点の一部しか含まないことになる．このような巡回路は部分巡回路 (subtour) といわれる．つまり，一筆書きであるべき条件は，部分巡回路を禁止する制約条件ということになる．部分巡回路ができてしまった例を，図6.2 に示す．

6.1 緩和問題：「巡回セールスマン問題」を例に

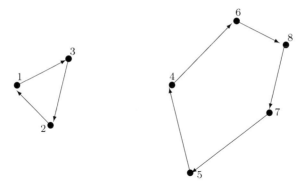

図 **6.2** 部分巡回路ができてしまった例

点の集合を $N = \{1, 2, \ldots, n\}$，2 点間 $(i, j), i, j \in N$ のコストを c_{ij} として，点 i の直後に点 j を訪れる場合に 1，そうでない場合に 0 となる意思決定変数 x_{ij} を利用した問題の定式化を以下に示す．

巡回セールスマン問題の定式化

$$\text{Minimize} \quad \sum_{i \in N} \sum_{\substack{j \in N \\ j \neq i}} c_{ij} x_{ij} \tag{6.1}$$

subject to

$$\sum_{\substack{j \in N \\ j \neq i}} x_{ij} = 1 \qquad\qquad i \in N \quad (6.2)$$

$$\sum_{\substack{i \in N \\ i \neq j}} x_{ij} = 1 \qquad\qquad j \in N \quad (6.3)$$

$$\sum_{i,j \in M} x_{ij} \leq |M| - 1 \qquad\qquad M \subset N \setminus \{1\}, |M| \geq 2 \quad (6.4)$$

$$x_{ij} \in \{0, 1\} \qquad\qquad i, j \in N, i \neq j \quad (6.5)$$

式 (6.2) は点 i からの行先の点がちょうど 1 つであることを表し，式 (6.3) は点 j を行先とする点がちょうど 1 つであることを表す．そして，式 (6.4) は部

分巡回路の禁止を表している．

部分巡回路を禁止する制約式の表し方は，式 (6.4) の他にも複数ある．最適化汎用ソルバーを使って解く際に向いているものと，そうでないものがあると考えるが，一般には，以下のものが知られている．

部分巡回路を個々に禁止する　（Dantzig–Fulkerson–Johnson 制約 [15]）

定式化の式 (6.4) がこの制約式である．2 以上 $n-2$ 以下の点の組合せ（ここでは集合 M で表している）に対し，式 (6.4) の左辺が M の要素数 $|M|$ になると巡回路が構成されたことを表すので，左辺が $|M|$ 未満となるように上限をつけ，巡回路を禁止している．

例えば，$M = \{2,3,4\}$ を対象に考えると，式 (6.4) は，以下のようになる．

$$x_{23} + x_{32} + x_{24} + x_{42} + x_{34} + x_{43} \leq 2$$

式 (6.2), (6.3) を満たしながら，この 3 点で巡回路となるのは，$2 \to 3 \to 4 \to 2$，もしくは，$2 \to 4 \to 3 \to 2$ のときであり，それぞれ，$x_{23} + x_{34} + x_{42} = 3$，$x_{24} + x_{43} + x_{32} = 3$ となるときである．よって，この式ではそうならないように，左辺の値を 2 以下に抑えているのである．

もちろん，M の部分集合，$\{2,3\}, \{2,4\}, \{3,4\}$ に対してもこの式が用意されるので，2 点だけの部分巡回路を避けるための以下の条件も課されている．

$$x_{23} + x_{32} \leq 1 \qquad x_{24} + x_{42} \leq 1 \qquad x_{34} + x_{43} \leq 1$$

式 (6.4) で $|M| \leq n-2$ とする（$n-1$ 点の組合せを対象にしない）理由は，1 点のみで構成される巡回路が存在しえない（$i = j$ となる x_{ij} を設けていない）ので，式 (6.2), (6.3) の下では，$n-1$ 点の巡回路も存在しえないからである．

冗長さを省くために考えられた（と思われる），集合 M が「点 1」を含まない工夫についても説明する．式 (6.2), (6.3) の下では，部分巡回路は単独で生成されることはない（2 つ以上で生成される）．その中で，2 つの部分巡回路については，その一方を禁止できれば残された一方も禁止できることになる．部分巡回路の数が 3 以上でも，その数より 1 つ少ない数の部分巡回路を禁止できれば残された部分巡回路も一緒に禁止できる．禁止すべき部分巡回路群と，陽

に制約を与えなくとも禁止できる「残された1つの部分巡回路」を区別できるよう,後者を,ある1点を含む部分巡回路と考える.式 (6.4) では,その点を「点1」としている.

しかし,以上のような工夫が考えられていても,式 (6.4) は,2以上 $n-2$ 以下の点の組合せすべてに対し用意することになるので,点の数 n が大きくなると式の数が膨大になるという問題点がある.

順序を決める (Miller–Tucker–Zemlin 制約 [48])

各点に対し訪問順序に対応する変数 u_i を用意し,点の集合 N から1点を除いた点だけで巡回路を構成しないように制約式を考える(ここでも,除く点を「点1」として表す).

この方法では,定式化の式 (6.4) の代わりに,以下の2つを加える.

$$u_i - u_j + nx_{ij} \leq n - 1 \qquad i, j \in N \setminus \{1\}, i \neq j \quad (6.6)$$

$$u_i \geq 0 \qquad i \in N \setminus \{1\} \quad (6.7)$$

なぜ式 (6.6) で巡回路を禁止できるのかを,例を挙げて簡単に説明してみる.

この式は,点1を含まない $(n-1)(n-2)$ 本のアークすべてについて用意しておくと,それらの一部を組み合わせて(辺々足し合わせて),式 (6.4) と同じような機能を持つ式が作成できるのである.例えば,$M = \{2, 3, 4\}$ を対象とした中の部分巡回路 $2 \to 3 \to 4 \to 2$ を禁止するために,式 (6.6) の中の以下の式に注目する.

$$u_2 - u_3 + nx_{23} \leq n - 1$$

$$u_3 - u_4 + nx_{34} \leq n - 1$$

$$u_4 - u_2 + nx_{42} \leq n - 1$$

これらを左辺は左辺,右辺は右辺で足し合わせると u_2, u_3, u_4 が消え,さらに両辺を n で割ると以下のようになる.

$$x_{23} + x_{34} + x_{42} \leq 3 - \frac{3}{n}$$

6章　問題の条件を緩和して解く

そして，右辺の小数点以下を取り除き，以下のように書き換えることができる．

$$x_{23} + x_{34} + x_{42} \leq 2$$

これで，部分巡回路 $2 \to 3 \to 4 \to 2$ を構成する3つの変数が一緒に1になることを防ぐのである．

式 (6.6) は，式 (6.4) に比べて式の数は大幅に減るものの，最適化汎用ソルバーで解くには効率が悪いという話もある．

ネットワークフローを利用する　(Gavish–Graves 制約 [20])

点1を供給量 $(n-1)$ を持つ供給点と考え，その他の $(n-1)$ 点をそれぞれ需要量1を持つ需要と考える．しかし，これを最小費用流問題として扱うと，流量が発生したアークが巡回路を構成する保証はなく，通常は木 (tree) を構成すると考えられる．そこで，1点から流量を流すために利用できるアークは1つとなるように考える．2点間 (i, j) の流量を y_{ij} として，定式化の式 (6.4) の代わりに，以下の式を利用する．

$$y_{ij} \leq (n-1)x_{ij} \qquad i,j \in N, i \neq j \tag{6.8}$$

$$\sum_{\substack{j \in N \\ j \neq 1}} y_{1j} = n-1 \tag{6.9}$$

$$\sum_{\substack{j \in N \\ j \neq i}} y_{ij} - \sum_{\substack{j \in N \\ j \neq i}} y_{ji} = -1 \qquad i \in N \setminus \{1\} \tag{6.10}$$

$$y_{ij} \geq 0 \qquad i,j \in N, i \neq j \tag{6.11}$$

式 (6.8) は，$x_{ij} = 1$ となったアークにしか流量が流せないことを表す ($x_{ij} = 0$ なら，y_{ij} も0になる)．式 (6.9) は点1から流量 $(n-1)$ を流すことを表し，式 (6.10) は，点1以外の各点が流量1を受けるように，流出量が流入量より1少ないことを表している．

ここでは部分巡回路を禁止する制約式について少し詳しく説明したが，この制約条件が，解を得ることを難しくしている原因と考えられている．ネットワーク上に発生する他の最適化問題においても，部分巡回路の禁止に苦労する

ことが多い．

さて，本題に戻り，条件を緩和することを考える．巡回セールスマン問題における部分巡回路禁止の条件を緩和すると，つまり，定式化から式 (6.4) を削除すると，以下のような割当問題になる．

割当問題（巡回セールスマン問題の緩和問題）

$$\text{Minimize} \quad \sum_{i \in N} \sum_{j \in N} c_{ij} x_{ij} \tag{6.12}$$

subject to

$$\sum_{\substack{j \in N \\ j \neq i}} x_{ij} = 1 \qquad\qquad i \in N \tag{6.13}$$

$$\sum_{\substack{i \in N \\ i \neq j}} x_{ij} = 1 \qquad\qquad j \in N \tag{6.14}$$

$$x_{ij} \in \{0, 1\} \qquad\qquad i, j \in N, i \neq j \tag{6.15}$$

割当問題については 4 章で紹介したので，この問題が簡単に解が得られる対象であることは，読者も理解済みと考える．

さて，4 章で紹介したハンガリー法やなんらかの方法で，この割当問題の最適解を得たとしよう．$n = 8$ の場合の解の例を図 6.3 に示す．1 対 1 対応になっており，式 (6.13), (6.14) を満たしていることがわかる．

次に，この解 ($x_{13} = x_{21} = x_{32} = x_{46} = x_{54} = x_{68} = x_{75} = x_{87} = 1$) を巡回セールスマン問題の解として表すと，先ほど示した図 6.2 のような部分巡回路を含んだものになる．この解は，巡回セールスマン問題の実行可能解ではない．そして，これまでも何度も述べてきたが，条件を緩和して解いた場合には，目的関数値として元の問題より良い値を得る可能性がある．逆にいえば，元の問題の最適値は緩和最適値より良くなることはありえない．よって，緩和問題としての割当問題の最適値は，巡回セールスマン問題の最適値の下界として利用できる．

例えば，巡回セールスマン問題のための分枝限定法を考えた場合，あるアー

6 章　問題の条件を緩和して解く

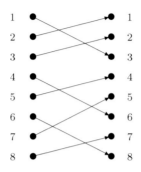

図 6.3　割当問題の解の例

ク (i,j) を採用するか否かで（$x_{ij}=1$ または $x_{ij}=0$ で）分枝し，子問題の緩和問題として割当問題を解き，その下界として利用する方法等がある．この節では，わかりやすさのために，巡回セールスマン問題の緩和問題として，部分巡回路禁止の制約条件を緩和しただけの割当問題を紹介したが，分枝限定法などで利用される緩和問題として，最小 1 木問題 (minimum 1-tree problem) 等も知られている．

　最後に，多少，蛇足ではあるが，部分巡回路禁止制約条件を緩和した問題をなんらかのアルゴリズムや汎用ソルバーを使って解いた結果，部分巡回路が生成されてしまった場合の簡単な対応策を紹介する．図 6.2，図 6.3 の例で説明すると，緩和問題の定式化，つまり式 (6.12)〜(6.15) に，

$$x_{13} + x_{32} + x_{21} \leq 2$$

を加えて解き直すと，左側の部分巡回路 $1 \to 3 \to 2 \to 1$ をなくすことができる．その結果，別の部分巡回路が生成されるかもしれないが，その都度，できた部分巡回路を禁止する式を追加して解き直し，運良く部分巡回路のない最適解が得られれば，元の問題の最適解である．

　実際には，この方法がいつもうまくいくわけでもなく，その効果は問題や問題例に依存するが，緩和すると部分巡回路が発生しやすい問題において行う工夫の 1 つである．

6.2 大きな構造を捉える

緩和問題は元の問題の最適値の下界や上界を与えるだけでなく，6.1 節で示した工夫のように，その解（緩和解）が元の問題の実行可能解になるよう少しずつ制約を加えながら解くことにより，効率良く元の問題の解を与える場合がある．また，次節以降で述べるように，元の問題にとって比較的タイトでない制約条件を緩和することにより大幅に解きやすくなる場合は，素早く元の問題の解の可能性を把握できるだけでなく，緩和解の一部を元の問題の解構築に利用できる場合もある．この章の本節以降では，2 交替制ナース・スケジューリングを対象とし，緩和問題を設定してアルゴリズムを構築した例 [27] を紹介する．

2 交替制の勤務表の例は，2 章の表 2.2 でも簡単に紹介したが，あらためて 2 交替制勤務の特徴について説明する．日本医療労働組合連合会が 2016 年に行った調査 [55] では，2 交替制を採用する病棟は 38.4% であり，これは毎年上昇傾向にあるという．そして，その中でも 16 時間以上の夜勤を採用している病棟が 55.1% である．つまり，2 交替制勤務の半分以上の病棟では，1 日をおおよそ 8 時間と 16 時間の 2 つに分けた勤務帯となっている．これは，3 交替制の準夜勤と深夜勤を一緒にあわせて 1 つの夜勤になっているとも考えられる．また，16 時間夜勤でない場合は 12 時間夜勤が多いと考えられるが，これも長時間勤務と考えられる．

したがって，1 回が 3 交替制の 1.5〜2 単位分にあたる長時間夜勤に対して，1 ヶ月あたりの夜勤数の制約の他，連続夜勤が可能かどうか，夜勤と夜勤の間は最低何日あけるべきか等，夜勤の並び（夜勤パターン）に対する制約が厳しく与えられることになる．また，日勤と違って夜勤は人数が少ないことや，師長等の責任者が不在であることから，あらゆる事態に対応できるようにメンバーが組まれていなければならない．つまり，夜勤に関しては，ナース制約条件 (横の条件) もシフト制約条件（縦の条件）も非常にタイトだということである．

一方，日勤については勤務人数も多くシフト制約条件も夜勤に比べて緩いこと，日勤と休みの並び（日勤パターン）についての制約も緩いことから，夜勤スケジュールが決定した下で日勤と休みを決定する問題は，比較的解きやすいものとなる．実際，勤務表作成者は夜勤スケジューリングが完成した時点で「勤

6章 問題の条件を緩和して解く

務表作成は終わったようなもの」と思い，その夜勤にあわせて日勤と休みを，数を調整しながら決定していくという．

つまり，2交替制ナース・スケジューリングでは夜勤のスケジューリングについての制約条件が全体問題としての解空間を絞り込んでいることから，なんらかの形で日勤メンバーを考慮しながら解くことが可能であれば，夜勤スケジューリング問題を解いて得られた解が全体としての実行可能解の部分解になる可能性が非常に高くなると考えられる．

6.3 緩和しても影響の少ない制約を見つける

2交替制ナース・スケジューリングのシフト制約条件をシフト（夜勤と日勤）を意識して整理すると，以下のように分解できる．緩和対象にしないものには*印をつけた．

1. 夜勤に関するシフト制約条件の「勤務人数下限」*
2. 夜勤に関するシフト制約条件の「勤務人数上限」*
3. 日勤に関するシフト制約条件の「勤務人数下限」*
4. 日勤に関するシフト制約条件の「勤務人数上限」

前節でも述べたように，夜勤の勤務人数の過不足は許されない．一方，日勤の勤務人数については，足りないのは困るが多めでも問題ない．たとえ多すぎた場合でも，減らす修正は難しくないと考えるからである．夜勤も多めになったら後で減らせばよいという議論もあるが，夜勤回数の制約もタイトであり，修正が困難である．

これらに加えて，ナース制約条件 (2) の「すでに確定している勤務」や，夜勤に関するナース制約条件 (1)「夜勤の勤務回数の上下限」やナース制約条件 (3) の a)「夜勤の連続回数の上下限」と b)「夜勤間隔の上下限」を必ず守ることにし，日勤の勤務回数や連続回数の上限を緩和することを考える．具体的には，日勤が可能な日をすべて「日勤」扱いし，夜勤人数の過不足だけでなく日勤人数の不足を避けるため，ナースにとってもシフトにとっても日勤過剰なスケジュールを許す作戦である．

6.3 緩和しても影響の少ない制約を見つける

このような緩和問題におけるナースの実行可能スケジュールの例を，期間 30 日，夜勤回数 4 回か 5 回，夜勤連続数 1 回（連続を許さない），夜勤と夜勤の間隔日数 3 以上，夜勤翌日は必ず休み，という条件の場合で，表 6.1 に示す．

表 **6.1** 連続夜勤禁止で夜勤の間が 3 日以上．（Nn:夜勤,/:休み,–:日勤可能日）

1	2	3	4	5	6	7	8	9	10	11	12	13	14	15	16	17	18	19	20	21	22	23	24	25	26	27	28	29	30
–	–	–	N	n	/	–	–	N	n	/	–	–	–	N	n	/	–	–	–	N	n	/	–	–	N	n	/	–	–

3 日以上

この緩和問題を解くと，ナースにとってもシフトにとっても日勤過剰なスケジュールになるものの，日勤に必要人数を残しながら，夜勤のスケジュールを作成できる．

さて，前にも述べたが，緩和したからには元の問題を解くよりはるかに簡単に解を得られないと意味がない．ここでは，緩和問題において，日勤が可能な日をすべて「日勤」扱いすることで，各ナースの実行可能スケジュールの数を大幅に減らせることを述べておきたいと思う．

例えば，表 6.1 のスケジュールの中には 15 日分の日勤と 5 日分の休みが含まれているが，元の問題では休みを 9 回か 10 回確保しなければいけなかったとする．15 日分の日勤から「4 つ選んで休みにするスケジュール」と「5 つ選んで休みにするスケジュール」は，他の制約で絞り込まれない限り，あわせて $_{15}C_4 + {}_{15}C_5 = 1365 + 3003 = 4368$ だけ存在する．逆にいえば，表 6.1 のスケジュールは，それらの多くのスケジュールに対する代表表現と考えることができる．つまり，数百万とも想定される膨大な数の実行可能スケジュールを少ない数の代表表現で扱うことができれば，アルゴリズムの自由度が増すと考えたのだ．ここでは便宜上，このような代表表現を夜勤パターンと呼ぶことにする．

次節では，2 章の表 2.2 の勤務表を与える問題例を示し，各ナースの夜勤パターンがどのくらいの数になるかを紹介する．

6.4 2交替制ナース・スケジューリングの問題例

問題例 (Ikegami-2shift-DATA1) [27, 29] は，28 人のナースの 30 日分の勤務表作成である．ナースは 3 チームに分かれており，ナース 1〜10 が A チーム，ナース 11〜19 が B チーム，ナース 20〜28 が C チームであり，ナース 1〜3，ナース 11, 12，ナース 20, 21 がベテラン，ナース 4〜7，ナース 13〜17，ナース 22〜26 が中堅，それ以外が新人である．

■夜勤に関するシフト制約条件
1. 夜勤勤務人数は 4 人．
2. 各チームから中堅以上が 1 人以上．
3. 全体でベテランが 1 人以上．

■日勤に関するシフト制約条件
1. 日勤の勤務人数は 6 日と 19 日が 12〜14 人，26 日が 12〜16 人．その他の平日が 10〜11 人，日曜祝祭日は 9 人．
2. 各チームから，6 日と 19 日が 4〜5 人，26 日が 4〜6 人．その他の平日が 3〜4 人，日曜祭日は 3 人．
3. 各チームから中堅以上が，26 日が 2〜5 人，その他の日が 2〜4 人．
4. 全体でベテランが 1 人以上．

■夜勤に関するナース制約条件
1. 夜勤回数は，ナース 10 が 0 回，ナース 28 が 2〜3 回，その他 26 人は 4〜5 回．
2. 夜勤は連続できない．
3. 夜勤のあとは必ず休み．
4. 夜勤と夜勤の間隔を 3 日以上あける．

■日勤と休みに関するナース制約条件
1. 日勤は連続 3 日まで．
2. 7 日に 1 日は休みを入れる．
3. 「休み・日勤・休み・日勤・休み」のパターンを採用しない．
4. 休みの回数は 9〜10 回．

6.4 2交替制ナース・スケジューリングの問題例

前月末のスケジュールと当月の勤務希望，休み希望，セミナー等固定された勤務，曜日が書き込まれた勤務表を表6.2に示す．さらに，この問題例では，「土曜・日曜または日曜・祝祭日にあたる2連休を必ず1回は保証する」という条件があったので，対象とする夜勤パターンは，この2連休が確定したものを考えることにする．つまり，全く同じ日に夜勤が割り当てられた場合にも，2連休の与え方によって異なるパターンが複数（高々5程度）存在することになる．

表 6.2 前月末のスケジュールと勤務希望等

ナース番号		26土	27日	28月	29火	30水	31木	1金	2土	3日	4休	5火	6水	7木	8金	9土	10日	11月	12火	13水	14木	15金	16土	17日	18月	19火	20水	21木	22金	23休	24日	25月	26火	27水	28木	29金	30土
A	1	/	/	−	−	N	n												+																		
	2	/	/	−	−	−	−																*											/	/		*
	3	−	N	n	−	/	−			/													/														
	4	N	n	−	/	N	n																							/							
	5	−	−	N	n	−	−																														
	6	n	/	−	−	N	n																														
	7	−	−	+	N	n	−						+																								
	8	/	N	n	−	−	−						+	+																	/	/	x				
	9	N	n	−	−	−	+								+													N	n								
	10	/	−	−	−	+	+																														
B	11	/	/	−	−	N	n												+																	/	/
	12	N	n	/	−	−	−																														
	13	/	/	N	n	−	−																							N	n	/					
	14	−	−	−	N	n	−												/	/																	
	15	n	/	/	−	−	N	n						+																					N	n	
	16	N	/	N	n	−	−									N	n					N	n														
	17	−	/	−	N	n	−																														
	18	−	−	−	−	+	−							+																							
	19	−	−	−	−	−	−							+																							
C	20	−	N	n	−	−	−				/																										
	21	−	−	−	−	−	−																														
	22	−	/	N	n	−	−																	/													
	23	N	n	−	−	−	−					+																	/	x							
	24	n	−	+	N	n	−					+																									
	25	−	−	+	−	N	n	/		N	n																			N	n						
	26	−	/	/	−	N	n			N	n	+																									−
	27	−	−	−	−	N	n								+					/					+												
	28	−	N	n	/	+	−																														

(Nn：夜勤　−：日勤　+：他勤務　/：休み　*：夜勤不可　x：日勤不可)

これらの制約条件の下でのできあがる夜勤パターンの数を表6.3に示す．夜勤パターンの数は，多くても1万を少し超す程度である．よって，それらをうまく選んで夜勤のシフト制約条件（上下限）と，日勤のシフト制約条件の下限条件を満たすように組み合わせる問題，つまり，ここで与えた緩和問題は，さほど難しくないと感じてもらえると思う．

6 章 問題の条件を緩和して解く

実際に，この問題例に取り組んだときには，日勤に関する上限制約を緩和しただけで，非常に扱いやすい問題になった．つまり，現実問題において比較的重要でない部分をちょっと緩めただけで，劇的に解きやすくなったのである．

例えば，部分問題を解くのに特別なアルゴリズムを用意しなくとも，5.4 節の「タブー探索に基づく簡単なアルゴリズム」のように，高々 1 万ちょっとの夜勤パターンをすべて比較して 1 番良いものを選ぶ，とするなど，多少安易ではあるが，手抜きができるのである．

表 6.3 各ナースの夜勤パターン数

Aチーム										
ナース番号	1	2	3	4	5	6	7	8	9	10
パターン数	1965	2752	1925	4222	9164	6187	1906	710	782	6502
Bチーム										
ナース番号	11	12	13	14	15	16	17	18	19	—
パターン数	1949	10173	1200	4269	134	235	3951	4614	5	—
Cチーム										
ナース番号	20	21	22	23	24	25	26	27	28	—
パターン数	9260	13150	6171	5420	3767	177	519	354	6601	—

6.5 緩和問題を利用したアルゴリズム

夜勤パターンに対する条件が厳しく，可能パターンが列挙可能なほど絞り込まれてしまう 2 交替制夜勤スケジューリングにおいては，5 章で提案したアプローチが「部分問題を解くための特別なアルゴリズム」を必要とすることなしに，そのまま（列挙と比較のみで）適用できることに着目する．そして，2 交替制ナース・スケジューリングに対しては，緩和問題を利用した 2 段階のアルゴリズムを考えてみる．

2 交替制ナース・スケジューリングに対するアルゴリズム [27] の概要

緩和問題において，各ナースに対する夜勤パターンを作成し，その部分問題の目的関数には「夜勤勤務人数の上下限を満たさない度合い」と「日勤可能な状態のナースが日勤勤務人数の下限を下回る度合い」を設定して，最小化問題とする．確定勤務として与えられている部分以外はなにも決定していない状態

6.5 緩和問題を利用したアルゴリズム

（ダミー・パターン）からスタートし「すべての部分問題を解いて最も目的関数が優れている夜勤パターンを現在採用されているパターンと交換すること」を目的関数値 0 の夜勤パターンが見つかるまで繰り返す．ただし 1 度はずされたパターンはあらかじめ設定した回数だけ交換の対象としない．

夜勤スケジュールが決定した下では，それらを固定された勤務とする．そして，各ナースに対して，元の問題に対する実行可能スケジュール（日勤パターン）を作成し，その部分問題の目的関数に「日勤勤務人数の上下限条件を満たさない度合い」を設定して最小化問題とする．夜勤スケジューリングと同様に，部分問題を解くことによって全体としての実行可能解に到達するまでパターン交換を繰り返す．

5 章で利用した記号を利用して，このアルゴリズムを記述してみる．

2 交替制ナース・スケジューリングに対する簡単なアルゴリズム

Step 1. 各ナース $i \in M$ に対し，夜勤パターンをすべて列挙し，P_i に保存．

Step 2. 各ナース $i \in M$ に対し，ダミー・スケジュールを設定：$\widehat{p_i} \leftarrow p_0$，
P_i の要素 p の降板履歴を無限過去に設定：$t_{ip} \leftarrow -\infty$，
タブーリストを空に設定：$L_i \leftarrow \emptyset$．

Step 3. $z^* \leftarrow z \leftarrow \infty$．$t \leftarrow 1$．

Step 4. 各ナース $i \in M$ に対し，L_i の要素を禁止した下で部分問題 i を解く：$P_i \setminus L_i$ の要素の中から，現在採用されている $\widehat{p_i}$ と入れ替えた場合に目的関数を最小にするものを選び，最適解 p_i と最適値 z_i を得る．

Step 5. z_i の値が最小となる部分問題 i を選び，p_i を次の試行解に採用：
$\widehat{p_i}$ の降板履歴を設定：$t_{i\widehat{p_i}} \leftarrow t$，
試行解の更新：$\widehat{p_i} \leftarrow p_i$, $z \leftarrow z_i$．

Step 6. $z < z^*$ なら，暫定解を更新：$p_i^* \leftarrow \widehat{p_i}, i \in M$, $z^* \leftarrow z$．

Step 7. $z^* = 0$ なら現在の $p_i^*, \in M$ を夜勤スケジュールとして決定する．
そうでない場合，各ナース $i \in M$ に対し，タブーリストを更新：
$L_i \leftarrow \{p \mid t_{ip} \geq t - T, p \in P_i\} \cup \{\widehat{p_i}\}$．
$t \leftarrow t + 1$ とし，Step 3 へ．

Step 8. 各ナース $i \in M$ に対し，夜勤スケジュールを基に日勤パターンをすべて列挙し，P_i に保存.

Step 9. 各ナース $i \in M$ に対し，ダミー・スケジュールを設定：$\widehat{p}_i \leftarrow p_0$，$P_i$ の要素 p の降板履歴を無限過去に設定：$t_{ip} \leftarrow -\infty$，タブーリストを空に設定：$L_i \leftarrow \emptyset$.

Step 10. $z^* \leftarrow z \leftarrow \infty$. $t \leftarrow 1$.

Step 11. $z^* = 0$ になるまで，Step 4～5 を繰り返す.

これで，簡単に，2 交替制の勤務表を作成することができるようになった [27].

6.6 局所探索法：実装の工夫

さて，簡単に解けるようになったのはよいが，各反復でほぼすべての夜勤パターンを評価しているので，あまり効率が良いわけではない．そこで，アルゴリズムの速度向上のため，ダミー・パターンが取り除かれた後では，現在採用されているものとの差が小さいパターンだけ調べることを考える．夜勤スケジューリングだけを対象に考えると，その差を「一方の解で夜勤になっているが，もう一方の解では夜勤になっていない日」の数と定義する．そして，アルゴリズムが対象を絞込むために利用する差を D で表すことにする．

パターン間の差を計算するために，3 章の定式化 2 の記号を使って，夜勤パターンを表すことにする（δ_{ipjk} は，パターン p の j 日にシフト k が割り当てられる場合に 1，そうでない場合に 0，と定義されている）．ここで，夜勤は，2 日にわたる夜勤の 1 日目を表すものとする．

現在の試行解で採用されているナース i のパターン $\widehat{p}_i$ が，ダミー・スケジュール p_0 である間は，すべての夜勤パターンを評価対象にし，そうでなくなったら，差の小さなものだけに対象を絞るのである．

そこで，絞り込んだ夜勤パターンの集合 $\tilde{P}_i$ を，もし $\widehat{p}_i = p_0$ ならば $\tilde{P}_i = P_i$，そうでないならば以下のように定める．

$$\tilde{P}_i = \{p \mid \sum_{j \in N} |\delta_{ipj\text{夜勤}} - \delta_{i\widehat{p}_i\text{夜勤}}| \leq D, p \in P_i\}. \tag{6.16}$$

そして，前節のアルゴリズムの Step 4 と Step 5 を以下のように変更する．

6.6 局所探索法：実装の工夫

Step 4′. 各ナース $i \in M$ に対し，L_i の要素を禁止した下で部分問題 i を解く：$\tilde{P}_i \setminus L_i$ の要素の中から，現在採用されている $\hat{p}_i$ と入れ替えた場合に目的関数を最小にするものを選び，最適解 p_i と最適値 z_i を得る．

Step 5′. z_i の値が最小となる部分問題 i を選び，p_i を次の試行解に採用：
$\hat{p}_i$ の降板履歴を設定：$t_{i\hat{p}_i} \leftarrow t$,
試行解の更新：$\hat{p}_i \leftarrow p_i, z \leftarrow z_i$,
$\tilde{P}_i$ の更新：$\tilde{P}_i \leftarrow \{p \mid \sum_{j \in N} |\delta_{ipj 夜勤} - \delta_{i\hat{p}_i 夜勤}| \leq D, p \in P_i\}$.

この絞り込みを採用したアルゴリズムは，D の値の設定によって，実行速度や反復数が大きく異なる．D を 2 もしくは 3 に設定すると，絞り込みを行わない場合に比べ，数倍から数十倍速くなる [28]．しかし，2 以下に設定すると，問題例によっては，局所解に陥り最適解を逃す場合もある．

また，最適解が得られた（$z^* = 0$ になった）あともアルゴリズムを続けると，複数の最適解を高速に得ることもできる．一方，いつまでも $z^* = 0$ にならない場合に備え，反復数に上限を設定しておく工夫も必要である．

アルゴリズムの実装上の（非常に初歩的な）注意点として，パターンの評価において計算が冗長にならないような工夫が必要である．現在採用されているパターンとの違いだけに着目し，目的関数への影響（増減）だけをチェックするべきである．違いのない部分も含めて目的関数を毎回計算していると，数十倍から数百倍の時間がかかってしまう場合がある．

評価対象の夜勤パターンを絞り込んだアルゴリズムを使って求めた夜勤スケジュールを表 6.4 に示す．夜勤に毎日 4 人揃っていることがわかる．また，各チームからは中堅以上のナースが 1 人以上になっており，新人（ナース 8, 9, 10, 18, 19, 27, 28）が夜勤に入る際には，必ず同じチームの中堅以上のナースが勤務することになっている．

夜勤スケジューリングでは，夜勤に入る日，夜勤に連動して決まる休み，土日祝祭日にあたる 2 連休，元々固定されていた勤務や休みが確定する．つまりそれ以外の日勤や休みのスケジューリングが残されているものの，チームやスキルレベルに関わる各グループに，日勤に必要な人数は確保されている状態である．しかし，各グループにおいて日勤可能ナースの数が日勤必要数（下限値）

6章 問題の条件を緩和して解く

表 6.4 夜勤スケジューリングの結果

ナース番号	1 金	2 土	3 日	4 休	5 火	6 水	7 木	8 金	9 土	10 日	11 月	12 火	13 水	14 木	15 金	16 土	17 日	18 月	19 火	20 水	21 木	22 金	23 休	24 日	25 月	26 火	27 水	28 木	29 金	30 土	/ 休み	- 日勤	Nn 夜勤	+ 他
1	n	/	/	-	N	n	/	-	-	-	+	N	n	/	-	N	n	/	-	N	n	/	/	N	n	/	-	-	-	-	8	10	5	1
2	/	N	n	/	-	N	n	/	/	N	n	/	-	N	n	/	-	N	n	/	/	/	-	-	-	-	-	-	-	-	9	11	5	0
3	N	n	/	/	N	n	/	-	N	n	/	-	-	-	-	-	-	-	-	-	-	-	-	N	n	/	-	-	-	N	6	15	5	0
4	/	/	-	-	-	N	n	/	-	N	n	-	-	-	/	N	n	/	-	-	-	N	n	/	-	N	n	/	-	-	8	14	4	0
5	-	N	n	/	-	-	N	n	/	-	-	-	N	n	/	-	-	N	n	/	/	-	-	N	n	/	/	/	N	n	7	13	5	0
6	/	-	N	n	/	-	-	N	n	/	-	-	N	n	/	-	-	-	-	-	/	/	-	N	n	/	-	-	-	-	7	15	4	0
7	-	-	-	/	+	N	n	/	/	-	N	n	/	-	-	N	n	/	-	-	-	-	-	-	-	-	-	N	n	/	7	14	4	1
8	-	N	n	/	+	+	N	n	/	-	N	n	/	-	-	N	n	/	-	-	-	-	-	-	-	-	-	-	-	-	7	11	5	2
9	/	/	-	N	n	/	-	-	-	+	N	n	/	-	-	-	N	n	/	-	-	N	n	/	-	-	-	-	-	-	7	14	4	1
10	-	/	-	N	n	/	-	-	N	n	/	-	-	-	-	-	N	n	/	-	-	-	-	-	-	N	n	/	-	-	6	16	4	0
11	/	-	-	N	n	/	-	-	N	n	/	+	-	N	n	/	-	-	-	N	n	/	-	-	-	/	/	-	N	n	9	10	5	1
12	N	n	/	/	-	-	-	N	n	/	-	-	N	n	/	-	-	-	-	N	n	/	-	-	-	-	-	-	-	-	5	17	4	0
13	/	N	n	/	-	-	N	n	/	-	-	N	n	/	-	-	-	N	n	/	-	-	-	-	-	-	-	-	-	-	7	13	5	0
14	-	-	N	n	/	-	-	-	-	-	/	/	-	N	n	/	-	N	n	/	-	-	-	N	n	/	-	-	-	N	7	16	4	0
15	n	/	/	-	+	N	n	/	-	-	-	-	N	n	/	/	N	n	/	-	-	-	-	-	-	N	n	/	-	-	8	12	4	1
16	N	n	/	-	-	N	n	/	-	N	n	/	-	-	-	-	-	-	N	n	/	-	N	n	/	-	-	-	-	-	7	13	5	0
17	-	-	-	-	-	N	n	/	-	+	N	n	/	/	-	N	n	/	-	-	-	-	-	-	-	-	-	-	-	-	6	15	4	1
18	/	-	-	-	-	N	n	/	-	-	-	+	-	N	n	/	-	-	N	n	/	-	-	N	n	/	-	-	-	-	6	15	4	1
19	-	-	-	-	/	/	/	-	+	+	-	-	-	-	-	-	-	-	-	-	-	-	-	-	-	-	-	-	-	-	3	25	0	2
20	-	-	N	n	/	-	N	n	/	-	-	-	N	n	/	-	-	N	n	/	-	-	N	n	/	-	-	-	-	-	7	13	5	0
21	-	-	-	N	n	/	-	-	N	n	/	-	N	n	/	-	N	n	/	-	-	-	-	-	N	n	/	-	-	-	6	14	5	0
22	-	N	n	/	/	-	-	N	n	/	-	-	N	n	/	-	-	N	n	/	-	-	-	-	-	-	-	-	-	-	7	13	5	0
23	N	n	/	/	-	+	-	N	n	/	-	-	N	n	/	-	-	-	-	/	N	n	/	-	-	-	N	n	-	-	6	13	5	1
24	-	N	n	/	+	-	/	N	n	/	-	-	-	-	-	-	-	-	-	N	n	/	-	N	n	/	-	-	-	-	6	15	4	1
25	n	/	-	-	N	n	/	-	-	-	N	n	/	-	-	N	n	/	-	-	N	n	/	-	-	-	-	-	-	N	6	14	5	0
26	-	-	-	-	N	n	+	-	N	n	/	-	N	n	/	-	-	N	n	/	-	N	n	/	-	-	-	-	-	-	7	14	4	1
27	n	/	-	-	-	-	-	N	n	/	-	+	/	-	N	n	/	-	+	N	n	/	-	-	-	-	N	n	-	-	8	11	4	2
28	-	-	-	-	-	/	/	-	N	n	/	-	-	N	n	/	-	-	-	-	-	-	-	-	-	-	-	-	-	N	4	21	3	0
-:日勤	13	15	9	10	15	14	11	14	12	9	15	10	16	12	15	11	9	16	16	13	15	16	11	10	15	15	13	15	16	16				
Nn:夜勤	4	4	4	4	4	4	4	4	4	4	4	4	4	4	4	4	4	4	4	4	4	4	4	4	4	4	4	4	4	4				

(Nn:夜勤, -:日勤, +:他勤務, /:休み)

6.6 局所探索法：実装の工夫

と等しくなっている場合は，日勤に確定しなければならない．表6.4では，その部分に日勤マーク「−」が書き込んである．

日勤スケジューリングでは，残された空欄にナース制約条件を満たすように日勤か休みかを入れたものが実行可能スケジュールになる．各ナースについての実行可能スケジュール（日勤パターン）の数を表6.5に示すが，その数が非常に絞り込まれているのがわかる．したがって，日勤スケジューリングにはほとんど時間がかからない．

表 **6.5** 各ナースの実行可能勤務パターン数

Aチーム									
ナース番号	1	2	3	4	5	6	7	8	9	10
パターン数	8	10	229	15	109	224	6	120	49	47
Bチーム									
ナース番号	11	12	13	14	15	16	17	18	19	—
パターン数	9	2168	120	12	6	94	94	157	225	—
Cチーム									
ナース番号	20	21	22	23	24	25	26	27	28	—
パターン数	109	149	136	136	121	56	56	55	486	—

これらの日勤パターンを利用して，6.5節のアルゴリズムの「Step 9〜11」で日勤スケジューリングを行った結果が，2章の表2.2に示した勤務表である．

────「至福のとき」────

「至福のとき」という言葉から思い出す瞬間がある．ナース・スケジューリングの2交替制夜勤問題を解いていたときのことである．自分で作った局所探索ベースのアルゴリズムを，コンピュータ画面に途中経過の勤務表を出しながら，動かしていた．

ぼーっと画面を見ていると，ぱた，ぱた，と，目的関数値を減らしながら画面が進み，最後の「ぱた」で，目的関数値0の勤務表が出てきた．目的関数値は負にならない設定だったので，最適解であった．1～2年かけて自分の中で作り上げた考え方が，なんと最適解を出してきたのである．

近年は，かなりの問題が最適化汎用ソルバーで解けるようになっていて，若い学生さんや研究者からみたら「え？」と思うかもしれないが，ナース・スケジューリングは解くことが難しく，ヒューリスティック・アルゴリズムががんがん提案されていた頃の話である．

結果を印刷し，解（勤務表）が間違っていないかを，ラインマーカを使って確認した．間違いがないことがわかり，得られたばかりの最適解の勤務表を机の上において，長いこと夢のようにながめていたことを憶えている．まさに「至福のとき」だと思った．

7章

探索空間を把握したい

　最適化技術においては，一般に目的関数を一意に設定することが求められるが，ナース・スケジューリングのように人命にも関わり，働く人間の生活にも影響する問題においては，潜在的な評価尺度が複数存在する場合も多く，目的関数の設定は困難な課題といえる[1]．

　このような問題に最適化の適用を考えた場合，暫定的に設定した目的関数に対する最適解が実際に利用されるためには，潜在的な制約や評価尺度に対し，なんらかの修正作業が必要となる．効率の良い，満足のいく修正を可能にするには，最適化モデルとアルゴリズムが与えた最適解と本来目指していた解との関係を，直感的に把握しやすい形で情報提供する必要がある．また，得られた最適解とほぼ等しい評価の解が膨大に存在する場合もあれば，最適解が非常に特異な解である場合，さらには，その特異さが現実的に好ましい場合もあれば，不自然な場合もありえる．

　ナース・スケジューリングの意思決定を支援するためには，まずは実行可能解空間を直感的に把握でき，その中の良解の分布に関する情報を提供できる仕組みが必要だと考える．本章では，これらの情報の把握を支援する数理的な仕組みの一つとして，実行可能解空間のネットワーク表現に取り組んだ結果を紹介する．

　4章では，ナース・スケジューリングが持つ割当構造やネットワーク構造を考えて整理した．本章では，もう少し扱いやすい（現実的に利用しやすい）方法として，5章や6章のように部分問題を意識して，部分問題の実行可能解のすべてをネットワーク構造で表すことを考えてみることにする．

---

[1] 本章は，著者の論文 [5] の内容を基に，2014年のオペレーションズ・リサーチ誌の特集「研究の楽しみ」のための記事「ナース・スケジューリングへの再挑戦」[35] の一部を含む．

7章 探索空間を把握したい

構築したネットワーク上から最適解や複数の良解を見つけるために，最短路問題 (shortest path problem) や k 最短路問題 (k-shortest paths problem) を解くためのアルゴリズムを利用するので，まずは 7.1 節と 7.2 節でこれらの問題とアルゴリズムを簡単に理解してから，本題に入りたいと思う．

7.1　最短路問題

最短路問題は，与えられた 2 点間の最短路（最短のパス）を見つける問題である．パス (path) は，路，経路ともいわれる．ある 2 点間のみの最短路を見つける場合と，1 点からそれ以外の点の間のすべての最短路を見つける場合の問題がある[2]．

ここで対象とする最短路問題は，負のサイクルを持たないものとする．負のサイクルとは，ネットワーク上に同じノードに戻ってこられる状態があり，そのサイクルを構成する長さの総和が負になっていることをいう．簡単にいうと，そのサイクルの上を回れば回るほど，永遠に長さを減らせるような状況が存在することである．パスはサイクルを含んではいけないので，ネットワークが負のサイクルを持つ場合，「長さを減らそうとするがために，この状況を引き起こす」可能性のある定式化やアルゴリズムは適さない．幸いなことに，現実の最短路問題には，負のサイクルを持たないものも多い．

以下に，負のサイクルを持たないネットワークを対象とし，最短路問題を最小費用流問題の形で定式化したもの[3]を紹介する．ここで利用する記号は，4.1 節や 4.2 節の割当問題，6.1 節の巡回セールスマン問題を扱ったときと同様に，ナース・スケジューリングで利用する記号とは全く別のものと考えてほしい．ただし，7.5 節以降に出てくるネットワークと言葉を統一するため，点をノード，始点をソースノード，終点をシンクノード，移動可能な 2 点間を向きのあるアークとして説明する．

ノードの集合を N，アークの集合を A，ソースノードを s，シンクノードを t，アーク (i,j) のコスト（長さ）を c_{ij}，ノード i の直後にノード j に訪れるとき 1，そうでないとき 0 となる 0-1 意思決定変数を x_{ij} とする．

---

[2] もちろん，これらを拡張して，全点間の最短路を見つける問題もある．
[3] つまり，負のサイクルを持つネットワークは対象にできない定式化である．

7.1 最短路問題

ソースノードを s からシンクノード t までの最短路を見つける問題の定式化

$$\text{Minimize} \sum_{(i,j) \in A} c_{ij} x_{ij} \tag{7.1}$$

subject to

$$\sum_{\{j:(s,j) \in A\}} x_{sj} - \sum_{\{j:(j,s) \in A\}} x_{js} = 1 \tag{7.2}$$

$$\sum_{\{j:(t,j) \in A\}} x_{tj} - \sum_{\{j:(j,t) \in A\}} x_{jt} = -1 \tag{7.3}$$

$$\sum_{\{j:(i,j) \in A\}} x_{ij} - \sum_{\{j:(j,i) \in A\}} x_{ji} = 0 \qquad i \in N \setminus \{s, t\} \tag{7.4}$$

$$x_{ij} \geq 0 \qquad (i,j) \in A \tag{7.5}$$

目的関数の式 (7.1) では総コストの最小化，式 (7.2) ではソースノード s で流出量が流入量より 1 つ多いこと，式 (7.3) ではシンクノード t で流出量が流入量より 1 つ少ないこと，そして式 (7.4) ではそれ以外のノードで流出量と流入量が等しいことを表している．つまり，ソースノードが出した流量 1 をシンクノードが受け取る状況を作り，その他の点では流入がなければ流出もなく，流入があれば必ずその分を流出することで，流量が発生したアークが 1 本のパスを構成する仕組みである．

ソースノードを s からその他までの最短路を見つける問題の定式化

$$\text{Minimize} \sum_{(i,j) \in A} c_{ij} x_{ij} \tag{7.6}$$

subject to

$$\sum_{\{j:(s,j) \in A\}} x_{sj} - \sum_{\{j:(j,s) \in A\}} x_{js} = |N| - 1 \tag{7.7}$$

$$\sum_{\{j:(i,j) \in A\}} x_{ij} - \sum_{\{j:(j,i) \in A\}} x_{ji} = -1 \qquad i \in N \setminus \{s\} \tag{7.8}$$

$$x_{ij} \geq 0 \qquad\qquad (i,j) \in A \qquad (7.9)$$

式 (7.7) ではソースノード s で流出量が流入量より「全ノード数 -1」だけ多いこと，式 (7.8) ではそれ以外のノードで流出量が流入量より 1 つ少ないことを表している．つまり，ソースノードが出した流量をその他のノードが 1 つずつ受け取る状況を作っている．結果として，流量が発生したアークはソースノードをルートとする最短路木 (shortest path tree) を構成する．得られた最短路木の上でソースノードから他のノードまでを辿れば，それがその 2 ノード間の最短路になる仕組みである．

7.2 最短路を見つけるアルゴリズム

前節で示した定式化は，最小費用流問題の形をしており，右辺の値も整数であるので，線形計画問題として解いても整数最適解を得ることができる．一方，最短路問題にはダイクストラ法 (Dijkstra method) [18] という有名なアルゴリズムがある．負の長さのアークを持たない問題に有効で，とてもシンプルなアルゴリズムである．

ダイクストラ法では，ソースノードからノード i までの距離を距離ラベル d_i で表し，その初期値を ∞ として，そのノードまでのパスの中で最短なものの値が入るように更新する．ソースノードから近いノードの順に最短路が確定していくが，最短路が確定したノードは永久ラベル，そうでないノードは仮ラベルがつけられるとする．

永久ラベルのノードの集合を S，仮ラベルのノードの集合を $\bar{S}$ とし，最短路におけるノード i の 1 つ前のノードを p_i に得るための，ダイクストラ法の流れを以下に示す．

ダイクストラ法
Step 1. $S \leftarrow \emptyset$, $\bar{S} \leftarrow N$.
Step 2. すべての $i \in N$ に対し，$d_i \leftarrow \infty$.
Step 3. $d_s \leftarrow 0$, $p_s \leftarrow -1$.
Step 4. $|S| < n$ の間，以下を行う．

7.2 最短路を見つけるアルゴリズム

(a) $d_i = \min\{d_j \mid j \in \bar{S}\}$ となる $i \in \bar{S}$ を選ぶ．
(b) $S \leftarrow S \cup \{i\}$．
(c) $\bar{S} \leftarrow \bar{S} \setminus \{i\}$．
(d) すべての $j \in \{j \mid (i,j) \in A\}$ に対して，もし，$d_j > d_i + c_{ij}$ なら，$d_j \leftarrow d_i + c_{ij}$，かつ $p_j \leftarrow i$ とする．

Step 5. s から任意の i までの最短路は，「i を出力し，$i = p_i$ とする」ことを $i = s$ となるまで繰り返すことにより（逆順に）得ることができる．

ダイクストラ法は，データ構造の実装方法で計算量が異なる．具体的には，仮ラベルのノードをどのように保持すれば距離ラベル値最小のノードを効率良く見つけられるか，に関わる．例えば，バイナリ・ヒープ (binary heap)，ラディックス・ヒープ (radix heap)，フィボナッチ・ヒープ (Fibonacci heap) を利用した実装やダイアル実装 (Dial's implementation) などを比べるのは面白い [1]．

余談だが，著者がダイクストラ法を実装するときには，理論的にはあまり魅力がないといわれながらも，実装しやすく求解速度の速いダイアル実装 [17] を利用する．この方法は，同じ値のデータを1つのバケットに保持して効率良くデータ間の最小値を見つける．さらに，バケットをサイクルに並べ，使い終わったバケットを何度も再利用することにより，無駄にメモリを使わない工夫もしている．図にすると，並んだバケットは昔のダイアル式の電話器のダイアル部分のようである．したがって著者は，実装方法の名前がこのダイアルから来ていると思い込んでいた．しかしある日，この実装に関する文献を調べていたら，論文の著者名が Dial だったことを知り，笑いたいほど驚いた経験がある．ちなみに，何人かの研究者にこの話をしたところ，みな，同様に驚いていたので，紹介させていただいた．

さて，データ構造で工夫する話をした後で，話が逆行するようで恐縮だが，本章で対象とするネットワークはサイクルを持たない有向ネットワーク (directed acyclic network) である．この場合，ラベル値最小のノードを見つける手順を省略できる．具体的にいうと，永久ラベルにするノードの順序をあらかじめ決めておくことができるのである．どのノードもその出力アークの先 (head) の

ノードより前にくるように並べる．この方法は，トポロジカル・オーダリング (topological ordering)，もしくは，トポロジカル・ソート (topological sort) といわれる．

以下に，トポロジカル・オーダリングと，その結果のオーダを使って，サイクルを持たない有向ネットワーク上の最短路を見つけるアルゴリズムを示す．ここで，d_i^{in} はノード i の入次数，集合 S^0 は，入次数 0 のノードを保持するためのものとする．

トポロジカル・オーダリングのアルゴリズム
Step 1.　すべての $i \in N$ に対し，$d_i^{\text{in}} \leftarrow 0$．
Step 2.　すべての $(i,j) \in A$ に対し，$d_j^{\text{in}} \leftarrow d_j^{\text{in}} + 1$．
Step 3.　$S^0 \leftarrow \emptyset$．
Step 4.　すべての $i \in N$ に対し，もし $d_i^{\text{in}} = 0$ なら，$S^0 \leftarrow S^0 \cup \{i\}$．
Step 5.　$k \leftarrow 0$．
Step 6.　$|S^0| \neq \emptyset$ の間，以下を行う．

 (a) $k \leftarrow k+1$．
 (b) $i \in S^0$ を任意に選び，$S^0 \leftarrow S^0 \backslash \{i\}$．
 (c) $i_k \leftarrow i$．
 (d) すべての $j \in \{j \mid (i,j) \in A\}$ に対して，$d_j^{\text{in}} \leftarrow d_j^{\text{in}} - 1$ とし，もし $d_j^{\text{in}} = 0$ になったら，$S^0 \leftarrow S^0 \cup \{j\}$．

Step 7.　もし $k < n$ ならば，ネットワークは有向サイクルを持つことになり，そうでない場合は，$(i_1, i_2, \ldots, i_n) = (i_j \mid j = 1, \ldots, n)$ にオーダリングされたノードが与えられたことになる．

サイクルを持たない有向ネットワーク上の最短路を見つけるアルゴリズム
Step 1.　すべての $i \in N$ に対し，$d_i \leftarrow \infty$．
Step 2.　$i \leftarrow s$, $d_s \leftarrow 0$, $p_s \leftarrow -1$．
Step 3.　$i_k = s$ となるよう k の値を定める．
Step 4.　$k < n$ の間，以下を行う．

7.2 最短路を見つけるアルゴリズム

(a) すべての $j \in \{j \mid (i,j) \in A\}$ に対して，もし $d_j > d_i + c_{ij}$ なら，$d_j \leftarrow d_i + c_{ij}$，かつ $p_j \leftarrow i$ とする．

(b) $k \leftarrow k+1, \ i \leftarrow i_k$．

Step 5.　s から任意の i までの最短路は，「i を出力し，$i = p_i$ とする」ことを $i = s$ となるまで繰り返すことにより（逆順に）得ることができる．

ダイクストラ法もこのアルゴリズムも，最適性の原理 (principle of optimality) に基づいたものなので，動的計画法のアルゴリズムといえる．最短路問題に関して最適性の原理を言い換えてみると，「最短路探索における多段の決定では，どの決定においても，それまでどのような決定でパスが構成されていても，残りの決定が最適路を構成しなければならない」．つまり最短路は，構成するどの部分パスもそれぞれ最短路になっている，といえる．

一般に，最短路アルゴリズムは，対象 2 ノード間の最短路を 1 つだけ与える．それでは最適路が複数存在するとき，それらすべてを得るにはどうしたらよいだろうか．アルゴリズムの紹介でもわかったと思うが，最短路を構成するアーク (i, j) は以下の性質を満たしている．

$$d_i + c_{ij} = d_j$$

よって，最短路問題を解いた結果の d_i の値を使って，この式を満たすアーク (i, j) とそこに登場するノードだけでネットワークを作成し，そのネットワーク上でソースノードから対象ノードまでのパスを全列挙すれば，最短路をすべて列挙できることになる．ここでは，このネットワークを最短路ネットワークと呼ぶことにする．以降の節では，サイクルを持たない有向ネットワーク用のアルゴリズムで最短路問題を解き，7.7 節では，最短路問題を解いた結果の最短路ネットワークを使って，部分問題における最適解（1 ナースの最適スケジュール）を列挙する．

ここでの最後に，最短路だけでなく上位 k 番目のパスまで見つける k 最短路問題について簡単にふれておく．k 最短路問題のためのアルゴリズムとしては，Yen [65] のアルゴリズムや MPS 法 [44] が知られている．著者らが利用している MPS 法は，乗換案内サイトで有名な「駅探」のエンジンにも使われている

アルゴリズム [22] であり，k の値が大きくなっても高速に解を得ることができる．簡単にいってしまうと，最初に最短路問題を解いて，有望なアークから選んで利用するか否かで場合分けをして候補のパスを見つけていく．最短路問題を何度も解くことないよう工夫がなされているため，場合分けした先の子問題で毎回最短路問題を解くような単純な分枝限定法より高速になっている．

以前，鉄道ネットワーク上の k 最短路を見つけるために，研究室の院生が，Yen のアルゴリズムと MPS 法と単純な分枝限定法を実装して比較実験を行ったことがある [54]．実装方法によって違いが出るので，厳密な比較になっている保証はないが，おおまかなイメージが湧くので，比較結果を表 7.1 に紹介する．

これは，ある鉄道ネットワーク（ノード数 1813，アーク数 4090）を対象にしたもので，ある 2 駅間（実は，吉祥寺と池袋）の間について，$k = 10, 100, 1000$ の場合で計算時間を比較したものである．

表 **7.1** 計算速度の比較

k	Yen	MPS 法	分枝限定法
10	0.016	0.000	0.016
100	0.892	0.047	0.203
1000	11.047	0.610	2.125

本書で k 最短路問題を解く際には，サイクルを持たない有向ネットワークを対象とするので，最短路問題を解く負荷が大幅に減ることから，これらの差は小さくなると思われる．これらのアルゴリズムを実装する場合には，論文 [22, 44, 65] を参照されたい．ここで利用した分枝限定法は，研究室で作ったシンプルなものである [54]．

7.3 部分問題の実行可能解

ナース・スケジューリングに戻って，その部分問題を思い出すところから始めよう．5 章で示した部分問題の定式化（定式化 3）を再掲する．

7.4 動的計画法の視点

部分問題 i (ナース i) の定式化

$$\text{Minimize} \sum_{h=1}^{q} \sum_{p \in P_{ih}} C_{ihp} \lambda_{ihp} \tag{7.10}$$

subject to

$$c_{ik} \leq \sum_{h=1}^{q} \sum_{p \in P_{ih}} \rho_{ihpk} \lambda_{ihp} \leq d_{ik} \qquad k \in W \tag{7.11}$$

$$\lambda_{ihp} + \lambda_{i \cdot h+1 \cdot p'} \leq 1 \qquad h = 1, \ldots, q-1, p \in P_{ih}, p' \in Q_{ihp} \tag{7.12}$$

$$\sum_{p \in P_{ih}} \lambda_{ihp} = 1 \qquad h = 1, \ldots, q \tag{7.13}$$

$$\lambda_{ihp} \in \{0, 1\} \qquad h = 1, \ldots, q, \ p \in P_{ih} \tag{7.14}$$

この部分問題の定式化には，パターン（実行可能な部分スケジュール）の長さを 1 週間と設定することによりすべてのパターンの列挙を容易にすると同時に，ナース制約条件の中の「同一シフトの連続日数」，「同一シフトの間隔日数」，「禁止シフト並び」といった局所的だが扱い難い条件を，隣接するパターンの関係だけで考慮できる利点がある．

1 週間分の実行可能パターンは各ナース高々 1,000 程度であり，それらのパターンが連結可能か否かは容易にチェックすることができるので，各週の各パターンについて Q_{ihp} を求めておくことが可能である．表 7.2 に，Ikegami-3shift-DATA1 における各ナース，各週の実行可能パターンの数 $|P_{ih}|$ を示す．

この部分問題を解くにあたり，2 つの方針が考えられる．1 つ目は部分問題を直接動的計画法で解く方法，2 つ目は式 (7.11)（休みやシフトの回数の制約）を緩和して最短路問題の形にすることで，その解を利用する方法である．前者については 7.4 節，後者については 7.7 節で詳しく述べる．

7.4 動的計画法の視点

まず，ナース i の「h 週の子問題」として，h 週のパターンとして p を採用し，1 週から h 週までのシフト $k \in W$ の累積回数が e_{ihk} であるという条件の下で，

7章 探索空間を把握したい

表 **7.2** Ikegami-3shift-DATA1 における各ナースの各週の実行可能パターンの数

ナース番号	週1	週2	週3	週4	週5
1	569	647	647	671	13
2	22	54	215	671	13
3	94	647	647	671	13
4	109	82	129	84	13
5	281	647	219	11	13
6	296	519	125	671	13
7	91	647	647	671	13
8	318	218	489	86	13
9	57	222	592	299	13
10	163	421	201	671	13
11	519	183	201	671	13
12	60	40	182	533	13
13	78	35	404	31	13
14	322	4	520	236	13
15	257	555	217	671	13
16	406	156	61	410	13
17	299	156	72	414	13
18	26	94	156	667	13
19	70	375	76	13	13
20	369	204	82	421	2
21	196	196	647	421	2
22	228	287	647	421	2
23	273	125	647	421	2
24	105	647	489	86	13
25	410	647	647	671	13

7.4 動的計画法の視点

1 週から $h-1$ 週までの最適なスケジュールを決定する問題を考える．例えば図 7.1 のように，3 週目のパターン p が休み→日勤→日勤→休み→準夜勤→深夜勤→深夜勤で，3 週目までの累積回数が日勤 6 回，準夜勤 4 回，深夜勤 4 回，休み 7 回だった場合に，1 週目，2 週目にそれぞれどのパターンを選ぶかが，「3 週間だけを対象とした場合の最適スケジュールを見つける」子問題である．

図 **7.1** 3 週目の子問題の例

子問題の関係を理解しやすいように，2 週目の子問題の例も図 7.2 に示しておく．

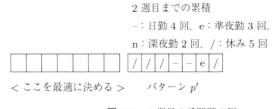

図 **7.2** 2 週目の子問題の例

これらのような子問題を以下のように表す．

h 週のパターンが p, 累積回数が $e_{ihk}, k \in W$ であるときの「1 週から $h-1$ 週までの最適なスケジュール」を決定する問題

$$\text{Minimize} \sum_{h'=1}^{h-1} \sum_{p' \in N_{h'}} C_{ih'p'} \lambda_{ih'p'} \tag{7.15}$$

subject to

$$\sum_{h'=1}^{h-1}\sum_{p'\in P_{ih'}}\rho_{ih'p'k}\lambda_{ih'p'} = e_{ihk} - \rho_{ihpk} \qquad k\in W \quad (7.16)$$

$$\lambda_{ih'p'} + \lambda_{i\cdot h'+1\cdot p''} \leq 1 \quad h'=1,\ldots,h-2,\ p'\in P_{ih'},\ p''\in Q_{ih'p} \quad (7.17)$$

$$\lambda_{i\cdot h-1\cdot p'} = 0 \qquad p'\in Q'_{ihp} \quad (7.18)$$

$$\sum_{p'\in P_{ih'}}\lambda_{ih'p'} = 1 \qquad h'=1,\ldots,h-1 \quad (7.19)$$

$$\lambda_{ih'p'}\in\{0,1\} \qquad h'=1,\ldots,h-1,\ p'\in P_{ih'} \quad (7.20)$$

目的関数の式 (7.15) は，式 (7.16)〜(7.20) を満たした下で，1 週から $h-1$ 週までのパターン選択が最小コストになるよう設定している．その下で，この問題の最適値を $g_h^*(p,e_{ihk},k\in W)$ と表すことにする．

式 (7.16) は $h-1$ 週までの各シフトの合計数を規定し，式 (7.17) は部分問題定式化の式 (7.12) のうち $h-1$ 週までのパターン間に関わる部分を取り出したものである．そして式 (7.18) は h 週にパターン p が採用された下で，部分問題定式化の式 (7.12) により採用不可能になる $h-1$ 週のパターンの採用を禁止している．つまり，h 週の子問題を $h-1$ 週までのパターンを選択する問題として表せているので，再帰的に考えれば，h 週の子問題の最適値となる $g_h^*(p,e_{ihk},k\in W)$ は，「$h-1$ 週のパターン p' のコスト」と「それに伴う子問題の最適値」を足した値の中で，最小のものを選んだ値になる．したがって，$g_h^*(p,e_{ihk},k\in W)$ は，任意の $1<h\leq q$，$p\in P_{ih}$，$e_{ihk},k\in W$ に関して，

$$g_h^*(p,e_{ihk},k\in W) =$$
$$\min_{p'\in P_{i\cdot h-1}\setminus Q_{ihp}}\left\{g_{h-1}^*(p',e_{ihk}-\rho_{ihpk},k\in W) + C_{i\cdot h-1\cdot p'}\right\} \quad (7.21)$$

$h=1$ の $p\in P_{i1}$ ($e_{i1k}=\rho_{i1pk},k\in W$) に関して，

$$g_1^*(p,e_{i1k},k\in W) = 0 \qquad (7.22)$$

と表現でき，元の部分問題は，以下のように表せる．

$$\min_{\substack{c_{ik} \leq e_{iqk} \leq d_{ik} \\ k \in W}} \min_{p \in P_{iq}} \{ \ g_q^*(p, e_{iqk}, k \in W) \ + \ C_{iqp} \ \} \tag{7.23}$$

次節では，この問題記述に従って，動的計画法が利用できるネットワークの構築を考える．

7.5 実行可能解のネットワーク表現

ネットワークを構成するノードは，各週 h の「パターン p と累積回数 e_{ihk}, $k \in W$」（以降，p, e_{ihk} と記述する）に対応させ，ソースノードとシンクノードを加える．ソースノードからは 1 週のノード p, e_{i1k} すべてにアークを設定する．シンクノードへは，$c_{ik} \leq e_{iqk} \leq d_{ik}, k \in W$ を満たす q 週のノード p, e_{iqk} からアークを設定する．さらに，h 週のノード p, e_{ihk} から $h+1$ 週のノード $p', e_{i \cdot h+1 \cdot k}$ へは，連結可能 ($p' \notin Q_{ihp}$) かつ $e_{ihk} = e_{i \cdot h+1 \cdot k} - \rho_{i \cdot h+1 \cdot p'k}$, $k \in W$ が成り立つ場合のみ，アークを設定する．

冗長になるが，少し詳しく説明しておくと，1 週のノード p, e_{i1k} の累積回数はそのパターン p が含む回数となるが，2 週目以降は同じパターンであっても累積回数の異なるノードが複数存在することになる．そして隣接する週の各ノード間については，式 (7.12) に示すようシフト並びの制約を満たし，さらに前週の累積回数に後週のパターンが含む回数を足した数が後週の累積回数である場合のみ，アーク設定を行うわけである．例えば図 7.2 のパターン p' と図 7.1 のパターン p は，式 (7.12) を満たすだけでなくその累積回数の関係も整合性がとれているため，アークを設定することができる（日勤 $4+2=6$, 準夜勤 $3+1=4$, 深夜勤 $2+2=4$, 休み $5+2=7$）．また，ソースノードからシンクノードまでのどのパスも各週のノードを 1 回ずつ経由するので，式 (7.13) を満たすことになる．そして，最終週のノードから式 (7.11) を満たすものだけをシンクノードへアーク設定していることにも注目しておいてほしい．

したがって，できあがったネットワーク上のソースノードからシンクノードまでのすべてのパスがナース i の部分問題の実行可能解になるとともに，すべての実行可能解がパスとしてこのネットワークに含まれることになる．少しくどいいい方をすれば「全実行可能解を含み，実行不可能解を 1 つも含まない」ので，このネットワークは部分問題の実行可能解空間そのものといえる．ちな

7章 探索空間を把握したい

みに，$e_{ihk}, k \in W$ の値によっては前後の週にアークが設定されない場合があるので，ソースノードからのパスやシンクノードへのパスが存在しないノードやアークを取り除く工夫も必要であることも述べておく．

このネットワークに対し，ソースノードから出るアークに 0，p, e_{ihk} から出るアークに C_{ihp} をコストとして設定すれば，ソースノードから各ノード p, e_{iqk} までの最短路の長さは $g_h^*(p, e_{ihk}, k \in W)$ となり，対応する h 週までのスケジュールのコストは $g_h^*(p, e_{ihk}, k \in W) + C_{ihp}$ となる．つまり，ソースノードからシンクノードまでの最短路は部分問題における最適解となる．

この節で紹介したように，実行可能パターンをノードしてできあがったネットワークを，実行可能パターン・ネットワークと呼ぶことにする．

7.6 ネットワーク上の最短路と k 最短路

実行可能パターン・ネットワークを構築したことで，個々のナースの実行可能スケジュールの空間を把握しやすくなり，各ナースに対する条件の緩和や追加による実行可能スケジュール集合の大きさや特徴の変化も把握できる．

また，前述したように，実行可能パターン・ネットワークのアーク（ノード p, e_{ihk} に入るアーク）に，h 週にパターン p を採用した場合の各シフトの人数過不足の度合いである C_{ihp} をコストとして設定すれば，ソースノードからシンクノードへの最短路は部分問題における最適解に対応する．部分問題の最適解を最短路問題を解くことによって高速に得られるようになるので，5.5 節のアルゴリズムの「部分問題を解く分枝限定法」をこれに置き換えることにより，全体の勤務表作成も可能になる．

一方，実行可能パターン・ネットワークのノード数とアーク数は膨大であり，実際にネットワークを表示して視覚的に把握することは難しい．しかし本来，我々の興味の対象は，その中で現在の勤務表を改善できる可能性のある優れたスケジュール群であると考えられる．そこで，実行可能パターン・ネットワークに含まれる良解のみを抽出し，それを構成するノードやアークを表示して良解空間を提供することを考える．具体的には，実行可能パターン・ネットワーク上で k 最短路を求め，最適スケジュールを 1 つ得るだけでなく複数の良解を

得ることにより，勤務表の改善案を提案することや，各ナースにおける勤務変更の可能性把握を支援する．

実行可能パターン・ネットワーク上の k 最短路 ($k = 30$) を求め，そこで採用されたノードとアークで構成されるネットワークのイメージを図 7.3 に示す．ソースノードが前月末の 7 日分のスケジュールを表し，シンクノードが翌月のスケジュールを表す．その他のノードは，左側より 1 週目から 5 週目までの累積シフト回数情報を伴ったパターン（回数情報は非表示）に対応する．

ここでは，見やすさのため $k = 30$ としたが，$k = 50, 100$ でも高速にネットワークを得ることができる．ただし，k 最短路ネットワークは元の実行可能パターン・ネットワークとは異なり，上位 k 番目までの解以外の解もパスとして含む可能性があることに注意する．それを踏まえ，このように良解を含んだ縮小したネットワークを有効に利用すれば，探索空間は狭まり高速なスケジューリングも可能になると考える．

なお，このネットワークや元のネットワークには，1 つの週に同じパターンが登場する場合がある．図 7.3 の例では，3 週目には 3 種類のパターンが 2 つずつ，4 週目には 1 つのパターンが 3 つ，5 週目には 1 つのパターンが 4 つ登場しているが，それぞれ累積シフト回数が異なる．これらは，後週のノードが全く同じ場合には，累積シフト回数の情報を失うものの，その実行可能性を保ったまま同一ノードして表すことができる．例えば，図 7.3 の 5 週目の 4 つのノードを 1 つに，4 週目の上から 2 つ目と下から 1 つ目，2 つ目の 3 つのノードを 1 つに，そして，3 週目の下から 1 つ目と 3 つ目のノードを 1 つに表すことができる，などである．

7.7 緩和解のネットワーク表現

この節では，部分問題における式 (7.11) を緩和，つまり休みやシフトの回数の制約を緩和した問題や対応するネットワークの利用について，簡単に述べておく．

前節では，実行可能パターン・ネットワークのサイズが膨大になるため，良解に絞った情報を利用することが有効かつ現実的にあることを述べた．サイズが

7章 探索空間を把握したい

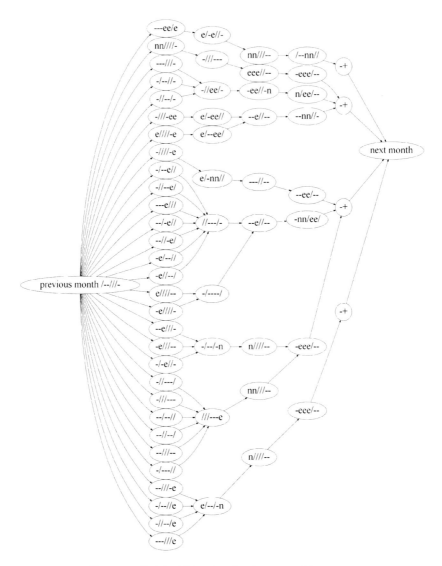

図 **7.3** k 最短路で構成されるネットワークの例 ($k = 30$)

7.7 緩和解のネットワーク表現

大きくなる理由としては，式 (7.11) を考慮するために，2 週目以降は同じパターンであっても累積回数の異なるノードを複数設けていたことにある．つまりこの制約を緩和できれば，ネットワークで表す際に 1 つの週の中に同じパターンが複数現れることがなくなるのである．したがって，ノード数は表 7.2 に示した各週の実行可能パターン数の合計にソースノードとシンクノードの 2 つを足した数であり，問題例 Ikegami-3shift-DATA1 のどの部分問題においても高々 3,000 程度になる．ここではこのネットワークを緩和ネットワークと呼ぶことにし，表 7.3 に，問題例 Ikegami-3shift-DATA における緩和ネットワークサイズをナース毎に示す．対象ナースに休み希望やセミナー等の確定勤務が多い場合，実行可能パターンが絞り込まれるため，自由度の少ない小さめのネットワークとなる．

図 7.4 に，この中で最もサイズの小さいナース 4 のネットワーク（ノード数 1,095，アーク数 48,302）を示す．紙面の関係でノードの表示がかなり小さくなっているが，週毎に縦に並び，隣接する週のノード間に多くのアークが設定されているのがわかると思う．これらのネットワークは，前節のネットワークよりサイズが小さく扱いやすいだけでなく，対象ナースにとってのすべての実行可能スケジュールをパスとして含んでいる．しかしその一方で，式 (7.11) を守らない，つまり勤務シフトや休みの回数の上下限を守らないものまで含んでしまう欠点もある．したがって，このネットワークに含まれるスケジュールを利用するためには，式 (7.11) を守っているかどうかの確認作業が必要になってくる．

7章 探索空間を把握したい

表 7.3 各ナースの部分問題の緩和ネットワークのサイズ

ナース番号	ノード数	アーク数
1	2,547	461,722
2	975	70,231
3	2,072	346,077
4	417	16,252
5	1,171	120,410
6	1,624	112,704
7	2,069	345,615
8	1,124	92,247
9	1,183	126,426
10	1,469	131,479
11	1,587	109,929
12	828	45,812
13	561	13,836
14	1,095	48,302
15	1,713	168,064
16	1,046	51,203
17	954	47,340
18	956	68,284
19	547	37,344
20	1,078	50,613
21	1,462	175,910
22	1,585	191,954
23	1,468	143,525
24	1,340	161,802
25	2,388	423,848

7.7 緩和解のネットワーク表現

図 7.4 ナース 4 の実行可能解を含んだ緩和ネットワーク

7章 探索空間を把握したい

緩和ネットワークにおいても，実行可能パターン・ネットワークと同様に，ソースノードから出るアークに0，週 h のパターン p から出るアークに C_{ihp} をコストとして設定すれば，ソースノードからシンクノードまでの最短路は，勤務シフトや休みの回数を無視した緩和最適解になる．著者らの研究では，このネットワークには最短路が複数ある場合が多いこともわかっており，それらの最短路の中で式 (7.11) を満たす解を部分問題の最適解として利用することを考えている．

例えば，2章の表2.10に示した勤務表（最適解）に対する，ナース4の部分問題を考えてみる．つまり，ナース4以外のナースのスケジュールはこの勤務表で与えられたものとし，そこから計算して得られた C_{ihp} の下でナース4のスケジュールを最適に決めようという問題である．もちろん，この勤務表の中のナース4のスケジュールは，この部分問題の最適解の1つである．ナース4のネットワーク（図7.4）における最短路を図7.5に示すが，2種類存在する．その他，例えば，ナース12のネットワークにおける最短路，ナース20のネットワークにおける最短路は，図7.6，図7.7に示すように数多く存在する．ここで，太いアークで示された最短路は，表2.10の勤務表上のスケジュールを表している．

各ナースのネットワーク上の最短路の数を表7.4の左列に示す．そしてそれらの最短路の中で，勤務シフトや休みの回数の上下限，つまり式 (7.11) を満たす実行可能スケジュールの数を，同じ表の右列に示す．

表7.4の右列に与えられた実行可能スケジュールは，最初に最適解として与えられた勤務表の最適性を保持したままの修正を可能にする代替スケジュールと捉えることができる．つまり，実行可能スケジュールのうち1つ（太いアークで示された最短路）は元のスケジュールなので，表7.4における各ナースの「実行可能スケジュールの数より1つ少ない数」の総和が，修正を行った場合の新たな最適解の数といえる．この例では，元の最適解とあわせて481の最適解を保持できた状態である．

1つの最適解をシードとして（ネットワークのコスト設定に利用するだけで），最適解を複数得たわけだが，さらに「新たに得られた最適解をシードに設定する」ことを繰り返し，数多くの最適解を列挙するこも可能である [23]．

7.7 緩和解のネットワーク表現

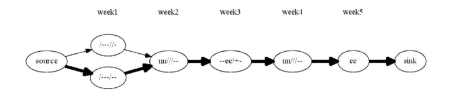

図 **7.5** ナース 4 の最短路ネットワーク

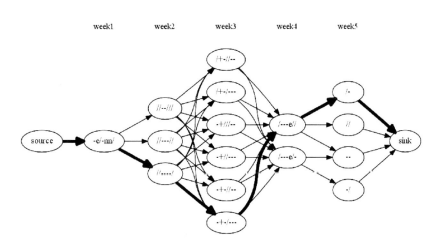

図 **7.6** ナース 12 の最短路ネットワーク

7章　探索空間を把握したい

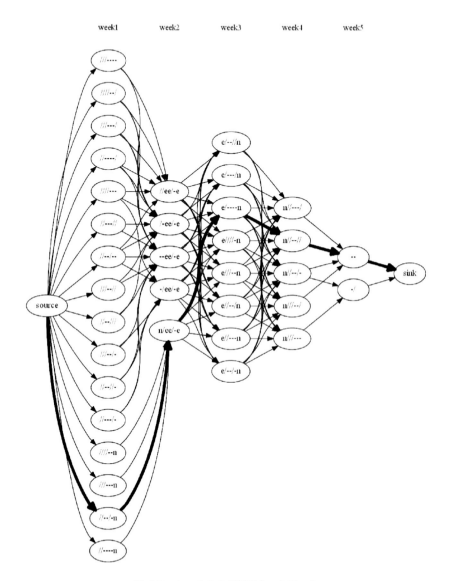

図 **7.7**　ナース 9 の最短路ネットワーク

7.7 緩和解のネットワーク表現

表 7.4 勤務表（表 2.10）に対する最短路の数と，その中の実行可能スケジュールの数

ナース番号	最短路の数	実行可能スケジュールの数
1	1	1
2	2	2
3	8	6
4	2	2
5	1	1
6	1	1
7	12	7
8	72	21
9	1,564	270
10	280	95
11	20	10
12	90	21
13	12	1
14	1	1
15	1	1
16	2	2
17	1	1
18	1	1
19	32	19
20	90	3
21	11	3
22	18	11
23	15	11
24	65	13
25	6	1

7章 探索空間を把握したい

――――「虫食い論文事件」――――

　ナース・スケジューリング論文の査読においても，著者は査読者先生に恵まれた．査読者の先生方のご助言は厳しくも丁寧で，とても親身なものであった．

　論文投稿で，忘れられない事件がある．投稿した論文を査読レポートに従って改訂して再投稿したときのことである．TeX を使って論文を書いていたコンピュータにはプリンタが接続されておらず，論文が完成した後に，OS の異なる別のコンピュータに TeX ファイルを送って，そのコンピュータ上の TeX ソフトで論文を印刷した．しかし，ソフトウェアの違いなのか，論文の一部が（それも複数個所にわたって）消えてしまったのである．それに気づかず，再投稿してしまったのだが，指摘されてあらためて読んでみると，虫食いクイズのような論文になっていた．

　本来なら落とされてもしかたない大失態だったにも関わらず，査読者の先生方は，消えた部分を補足して論文を読んでくださった．査読レポートの初めに論文の不備のご指摘があり，内容に対するコメントの後に，完全な形で論文を投稿するよう書いてくださった．そして，レポートの最後に「繰返しになるが，1語1字のミスもないと確信できるよう丁寧に仕上げること」と書かれていた部分を読んだときには，「はは～」と机に突っ伏して，とても申し訳ない気持ちと，恥ずかしい気持ちと，感謝の気持ちでいっぱいになった．もちろん，すぐ大失態のお詫びと虫食い論文を読んでくださったことに対するお礼のお手紙を書いた．

　その後，この論文は無事に掲載されたが，査読者の先生にとっての著者の印象は「あきれるくらいそそっかしい」なのだろうなと，恥ずかしくも感謝の思い出である．

（5章末の続き）

8章

他の問題も考えてみる

2.6 節では，ナース・スケジューリングと他の勤務表作成の違いについて簡単に紹介したが，この章ではナース・スケジューリング以外の勤務表作成問題として，スタッフの移動を含むスケジューリングである訪問介護スタッフ・スケジューリング [33,34] と，アルバイト勤務者が主力である飲食店や小売店等のシフト・スケジューリング [63] について紹介する．

そして最後に，現在著者らが取り組んでいる学校時間割作成問題 [61] について簡単に紹介する．学校時間割作成は，児童・生徒・学生にバランス良く必要な科目を提供するように行われるが，教員の側から考えれば，勤務に関わるスケジューリングである．

8.1 訪問介護スタッフ・スケジューリング

著者，研究室学生，共同研究者が，訪問介護スタッフ・スケジューリングを支援するためのシステム（勤務表作成支援システム）を約 10 年かけて構築するまでの流れ[1] を簡単に紹介することで，この問題を知っていただこうと思う．

著者が訪問介護スタッフ・スケジューリングに関わったのは，ある訪問介護事業所から，利用者宅を訪問してサービスを提供するヘルパーの勤務表作成をナース・スケジューリングのように最適化問題として扱うことができないか，と問合せがあったことがきっかけである．2003 年のことである．

---

[1] この研究は，社会福祉法人至誠学舎立川の至誠ホームのみなさんのご協力によるものである．また，システム構築にあたっては，国立情報学研究所の多大なご支援をいただき，実装では（株）富士通ソーシアルサイエンスラボラトリからご支援いただいた．本章の 8.1.3 項と 8.1.4 項には，共同研究者の宇野毅明氏（国立情報学研究所），成蹊大学の研究室学生だった足立幸子氏，村野真悟氏，佐藤広幸氏，吉田勇人氏，軍司奈緒氏，内山広紀氏との研究レポート（2012 年のオペレーションズ・リサーチ誌への投稿論文）[34] の一部を修正して加えた．

8章　他の問題も考えてみる

　ヘルパーの雇用契約は複数種類あり，常勤ヘルパー以外に，勤務日を決めて働くパート型ヘルパー，サービスを提供している時間に対して給料が発生する登録型ヘルパー等がいる．最も大きな割合を占めるのが登録型ヘルパーだが，それぞれ勤務可能な曜日や時間帯が限られるだけでなく，月もしくは各週に働く時間量（給料）に対しても希望がある．一方，在宅でサービスを受ける利用者は，ケアマネージャーが計画した内容や日時でサービスを受ける必要がある．

　このスケジューリングでは，どのサービス（利用者・日時・内容）にどのヘルパーを割り当てるかという意思決定を行うが，利用者からみた場合，適切なヘルパーが訪問することが重要である．訪問するヘルパーに規則性がないこと（いつも違うヘルパーが訪問すること）が好まれない一方，同じヘルパーばかりが訪問して密室状態が発生することは避けなければならない．そして，性別やスキルや相性も含め，利用者やそのサービス内容に適したヘルパーがサービスを提供する必要がある．ヘルパーからみた場合は，勤務可能時間帯に働くこと，休み希望が受け入れられること，望む勤務時間量（給料）であることだけでなく，提供するサービスとサービスの間の（移動のための）時間が十分確保されながらも，できれば無駄な空き時間や移動を避けた「効率の良い移動経路」となることが望まれる．100〜200人の利用者を対象に，以上のことを考慮しながら月に1,000を超えるサービスに適切なヘルパーを割り当てる場合，人手でミスなく行うのは非常に困難な作業になることが簡単に想像してもらえると思う．

　この問題を正しく理解するため，著者と研究室の学生たちは，2003年から訪問介護事業所に通い，現場スタッフとの月例ミーティングを5年ほど重ねた．ミーティングは，その後も不定期ながら勤務表作成支援システムが完成するまでの約10年間続き，その過程で新たな共同研究者たちも加わった．2004年の暮れには，東京都内の全訪問介護事業所を対象に，勤務表作成に関するアンケート調査を行い，勤務表作成の際に考慮されている条件をできる限り洗い出した．アンケート調査では，毎月の勤務表作成に費やす時間が平均9.2時間であり，最小で5分，最大で120時間と，事業所によって大きな開きがあることがわかった．これは，ヘルパー数や利用者数といった事業所のサイズの違いというより，実際にスケジューリングを行っているかどうかの違いのようであった．「スケジューリングを行わないで済む」状態を具体的に説明すると，ヘルパーが直接

利用者と訪問時刻に関する交渉と調整を行い，その結果だけを事業所に報告する方法を採用した場合，事業所においてはスケジューリングの必要がなくなるのである．しかし，1人の利用者に対して1人のヘルパーが担当することが前提である（昔の家庭教師のような状況の）この方法は，利用者との密室関係が生じやすく好ましくないとされている．

著者らは，スケジューリングに多くの時間を割いて苦労されている，つまり，1人の利用者に対して担当可能なヘルパーを複数設定している一般的な事業所を想定して研究を進めた．そこで，ナース・スケジューリングと同様，この問題の制約条件を以下の2つに分けて考えてみる．

■サービス制約条件（サービスをカバーする条件）
1. 時刻指定のある各サービスに適切なヘルパーを1人割り当てる．

■スタッフ制約条件（ヘルパーの働き方に関する条件）
1. 各ヘルパーの勤務可能時間帯に提供できるサービスに割り当てる．
2. 対象期間におけるの各ヘルパーの勤務時間量の上下限を守る．
3. 提供するサービスとサービスの間に移動時間を確保する．

もちろん，各サービスにスキル的・相性的に適切なヘルパーを割り当てるためにも，各利用者を訪問するヘルパーのバランスをとるためにも，各サービスに対して担当可能ヘルパーの集合を定義しておく必要がある．また，それらはサービス時刻やヘルパーの勤務可能時間帯によっても絞り込まれるべきである（集合設定は，サービス制約条件，スタッフ制約条件1に関わる）．

現場では，スケジューリングの過程でサービス制約条件が守れない（カバーできないサービスがある）ことがわかると，これをカバーするためにヘルパーと交渉して勤務可能時間帯を広げることを行う．また，ヘルパーの勤務時間量については，設定した上下限をできるだけ守ろうと努力しているが，どうしても守れない場合は緩和した上下限（緩和しても絶対守るべき上下限）を守ることで対応している．

定式化においては，スケジューリングの過程で必要な情報を得るため，守れない制約がある場合でも実行不可能とならない工夫が必要である．ここでは，

8章　他の問題も考えてみる

どのサービスがカバーできないのか，どのヘルパーの勤務時間量が希望通りになっていないのかを知るためにその度合いを変数で表し，その値を目的関数で最小化することにする．その定式化を 8.1.1 項に示す．

場合によっては，上記に加え，サービスの間に無駄な時間を含まないようにすること，移動距離を最小にすること，急な坂道を避けること，などを考えてスケジューリングすることがある．その場合でも考慮しやすい形の定式化を，8.1.2 項に示す．

訪問介護スタッフ・スケジューリングは，各サービスに時刻が指定されていたり，スタッフの移動を含む分，一見ナース・スケジューリングより複雑だが，前述したようなサービス制約条件とスタッフ制約条件としてシンプルな形に表現できれば，有効かつ簡単なアルゴリズムが適用できそうである．

8.1.1　各サービスにヘルパーを割り当てる定式化

ヘルパー毎に各サービスを割り当てるか否かを決定することで，最適な組合せを見つける問題として定式化する．

記号

M: ヘルパーの集合．

S: サービスの集合．

$M_s, s \in S$: ヘルパーの勤務可能時間帯，サービス時刻，担当可能性により，サービス s に割り当て可能なヘルパーの集合．

$S_i, i \in M$: ヘルパーの勤務可能時間帯，サービス時刻，担当可能性により，ヘルパー i に割り当て可能なサービスの集合．

$Q = \{(s,t)|$ 時刻，移動時間により，サービス s と t の両方を 1 人のヘルパーが行うことが不可能, $s,t \in S\}$: 同時割当が不可能なサービスペアの集合．

$l_i, u_i, i \in M$: ヘルパー i の勤務時間量のそれぞれ下限と上限．

$l'_i, u'_i, i \in M$: ヘルパー i の勤務時間量のそれぞれ緩和下限と緩和上限

$q_s, s \in S$: サービス s に関わる勤務時間量．

$x_{is}, i \in M, s \in S$: ヘルパー i にサービス s を割り当てるとき 1，そうでないとき 0 となる意思決定変数．

$\alpha_s, s \in S$: サービス s がどのヘルパーにも割り当てられなかった場合に 1，

そうでないとき 0 となる変数.

β_i^-, $i \in M$: ヘルパー i の勤務時間量が下限 l_i を下回る量を表す変数.

β_i^+, $i \in M$: ヘルパー i の勤務時間量が上限 u_i を上回る量を表す変数.

定式化 1

$$\text{Minimize} \quad \sum_{s \in S} W_s \alpha_s + \sum_{i \in M}(w_i^- \beta_i^- + w_i^+ \beta_i^+) \tag{8.1}$$

subject to

$$\sum_{i \in M_s} x_{is} + \alpha_s = 1 \qquad s \in S \tag{8.2}$$

$$l_i - \beta_i^- \leq \sum_{s \in S_i} q_s x_{is} \leq u_i + \beta_i^+ \qquad i \in M \tag{8.3}$$

$$x_{is} + x_{it} \leq 1 \qquad i \in M_s \cap M_t,\ (s,t) \in Q \tag{8.4}$$

$$x_{is} \in \{0,1\} \qquad i \in M_s,\ s \in S \tag{8.5}$$

$$\alpha_s \geq 0 \qquad s \in S \tag{8.6}$$

$$0 \leq \beta_i^- \leq l_i - l_i' \qquad i \in M \tag{8.7}$$

$$0 \leq \beta_i^+ \leq u_i - u_i' \qquad i \in M \tag{8.8}$$

ここで，目的関数 (8.1) の W_s はサービス s にヘルパーが未割当だった場合のペナルティ，w_i^- と w_i^+ はヘルパー i の勤務時間量の過不足に対するペナルティである．

式 (8.2) で各サービスのカバー（割当）を目指し，カバーできない場合に 1 となる α_s を使ってそのペナルティを目的関数で最小化する．式 (8.3) で各ヘルパーの勤務時間量が上下限に収まることを目指し，過不足 β_i^-, β_i^+ のペナルティを目的関数で最小化する．式 (8.4) で移動時間が確保できない割当を禁止する．

8章 他の問題も考えてみる

ちょっと蛇足

脇道にそれるが，一般的に式 (8.4) の数は膨大になる可能性がある．例えばサービス 1 とサービス 2 とサービス 3 が全く同じ時間帯を含んでいたら，この 3 つを担当可能なヘルパー i に対し，以下の 3 つの式を与えることになる．

$$x_{i1} + x_{i2} \leq 1 \qquad x_{i1} + x_{i3} \leq 1 \qquad x_{i2} + x_{i3} \leq 1$$

しかし，これらのうち高々 1 つのサービスにしか対応できないので，これら 3 つの式を以下の式で表すことができる．

$$x_{i1} + x_{i2} + x_{i3} \leq 1$$

このような式を見つけるためには，次のようなグラフを考える．ヘルパー i にとって担当可能なサービス (S_i の要素) を頂点とし，1 人のヘルパーが両方を行うことが不可能なサービスのペア $(s,t) \in Q$ の間に枝を設定する．このグラフの中のクリーク[2]を探し，いくつかのクリークでグラフの枝が全部カバーできるようにクリークを選ぶ[3]．クリーク毎に含まれる頂点に対応するサービスだけで 1 つの式を作成する．

例えばヘルパー i に関して，式 (8.4) に登場するペア (s,t) が $(1,2)$, $(1,3)$, $(2,3)$, $(2,4)$, $(2,5)$, $(3,4)$, $(3,5)$, $(4,5)$ だった場合，グラフは図 8.1 の左のようになる．その枝のすべてをカバーするクリークが右の 2 つとした場合，式 (8.4) では 8 つの式が必要だったのが，以下の 2 つの式で置き換えることができる．

$$x_{i1} + x_{i2} + x_{i3} \leq 1 \qquad x_{i2} + x_{i3} + x_{i4} + x_{i5} \leq 1$$

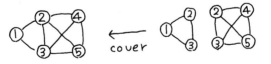

図 **8.1** グラフのすべての枝をクリークでカバーする

---

[2] クリーク (clique) とは，グラフ頂点の部分集合で，どの頂点間にも枝が存在するものをいう．
[3] このようなクリークの集合を見つけることをクリーク枝被覆 (もしくはクリーク辺被覆) という．またそのクリークの数が最小になるように見つける問題を最小クリーク枝被覆問題 (minimum clique edge cover) とする．

8.1 訪問介護スタッフ・スケジューリング

カバーするクリークの数が最小になるように選んで式を置き換えると，制約式の数を大幅に削減できる．ただし，制約式を削減する方法が求解において有効であるがどうかは，利用するアルゴリズムや問題例に依存すると考えられる．著者の経験でいうと，訪問介護スタッフ・スケジューリングではないが，同じく訪問型のサービス提供のスケジューリングでは，サービス数が非常に多く，この方法で制約式を減らすことで計算時間を削減することに成功した．しかし，3.6 節のナース・スケジューリングにおける計算実験では，この方法ではなかったものの，複数の式を1つにまとめること（3章の定式化3の2つ目，3つ目の方法）により，計算時間を削減するケース（Gurobi を利用したケース）と増加させてしまうケース（CPLEX を利用したケース）の両方があった．

8.1.2 個別単日スケジュールを組み合わせる定式化

個別単日スケジュールとは，対象とするヘルパーにとって実行可能な1日分のスケジュールであり，提供すべきサービスの組合せで与えられるものとする．各ヘルパーの各日に，個別単日スケジュールを高々1つ割り当て，すべてのサービスをカバーすることを目指す定式化を考える．

ここでは，8.1.1 項と同等な定式化を示すが，個別単日スケジュール中に発生する好ましくない待ち時間や移動距離，急な坂道の存在等を考慮したい場合は，個別単日スケジュール自体に「採用した場合のペナルティ」を設定し，目的関数でその値を最小化することが考えられる．

ヘルパー勤務可能時間帯，サービス時刻，担当可能性を考慮して，各ヘルパーの各日の実行可能スケジュール（個別単日スケジュール）をあらかじめ作成し，集合として用意する．

記号

N: スケジューリング対象日の集合．

$S^j \subseteq S$, $j \in N$: 日 j におけるサービスの集合．

P_{ij}, $i \in M$, $j \in N$: ヘルパー i の日 j の個別単日スケジュールの集合．

ヘルパー i の個別単日スケジュール $p \in P_{ij}$ は δ_{ijps}（スケジュール p にサービス $s \in S$ が含まれているなら 1，そうでなければ 0）で表現される．

8章　他の問題も考えてみる

e_{ijp}, $i \in M$, $j \in N$, $p \in P_{ij}$：ヘルパー i の日 j の個別単日スケジュール p の勤務時間量，$e_{ijp} = \sum_{s \in S^j} \delta_{ijps} q_s$

λ_{ijp}, $i \in M$, $j \in N$, $p \in P_{ij}$: ヘルパー i に日 j の個別単日スケジュール p が割り当てられるときに 1，そうでないときに 0 となる意思決定変数．

定式化 2

$$\text{Minimize} \quad \sum_{s \in S} W_s \alpha_s + \sum_{i \in M}(w_i^- \beta_i^- + w_i^+ \beta_i^+) \tag{8.9}$$

subject to

$$\sum_{i \in M_s} \sum_{p \in P_{ij}} \delta_{ijps} \lambda_{ijp} + \alpha_s = 1 \qquad j \in N,\ s \in S^j \tag{8.10}$$

$$l_i - \beta_i^- \leq \sum_{j \in N} \sum_{p \in P_{ij}} e_{ijp} \lambda_{ijp} \leq u_i + \beta_i^+ \qquad i \in M \tag{8.11}$$

$$\sum_{p \in P_{ij}} \lambda_{ip} \leq 1 \qquad i \in M,\ j \in N \tag{8.12}$$

$$\lambda_{ijp} \in \{0, 1\} \qquad i \in M,\ j \in N,\ p \in P_{ij} \tag{8.13}$$

$$\alpha_s \geq 0 \qquad s \in S \tag{8.14}$$

$$0 \leq \beta_i^- \leq l_i - l_i' \qquad i \in M \tag{8.15}$$

$$0 \leq \beta_i^+ \leq u_i - u_i' \qquad i \in M \tag{8.16}$$

この定式化では，式 (8.10) と目的関数でカバーできないサービスを減らそうとする．式 (8.11) と目的関数で各ヘルパーの勤務時間量を適正に保とうとする．式 (8.12) で各ヘルパーの各日に高々 1 つの個別単日スケジュールを割り当てる．

個別単日スケジュールについて，無駄な待ち時間，急な坂道，可能ながらもできれば避けたいサービス等が含まれることに対し，なんらかの評価尺度（採用された場合のペナルティ）w_{ijp} を考えたい場合，$\sum_{j \in N} \sum_{p \in P_{ij}} w_{ijp} \lambda_{ijp}$ を目的関数に加えて考慮することもできる．

8.1.3 簡単なアルゴリズム

8.1.1 項，8.1.2 項の定式化は混合整数計画問題となり，解を得るには最適化汎用ソルバーの直接的利用も考えられるが，多くの訪問介護事業所では，その費用やインストール等が大きな負担となる．そこで，現場で簡単に利用できるシステムを作るために，自身でアルゴリズムをデザイン・実装することとした．8.1.1 項の定式化に基づき，ネットワーク・フロー構造を利用して，以下に示すように「式 (8.4) と式 (8.5) を緩和した問題」を子問題として解くことにした．

各ヘルパー $i \in M$ と各サービス $s \in S$ に対してノードを作成し，サービス時刻，担当可能性，ヘルパー勤務可能時間帯を考慮した際に割当可能なノード i と s の間にアーク（x_{is} に対応）を設定して，アークコストを 0 とする．アークの流量はサービスノードへの勤務時間量を表すことにし，流量の下限を 0，上限をサービスノードの時間量 q_s とする．本来，流量は 0 もしくは q_s，つまりその流量を流すか否かのどちらかであり，その間の値は許されないが，ここでは式 (8.5) を緩和して考えることにする．また，サービスをカバーできない場合に備え，ダミーヘルパーのノードを作成し，各サービスノードにアーク（α_s に対応）を設定して，アークコストを W_s とする．また，ダミーヘルパーのノードから流量を受け取れるダミーサービスのノードを作成し，アークコストが 0，流量下限が 0，上限がサービス時間の総和 $\sum_{s \in S} q_s$ となるアークを設定する．これらの結果として，ヘルパーノードの供給量に「働ける時間量」，サービスノードの需要量に「サービス時間量 q_s」を設定すれば，古典的な輸送問題となる．

次に，勤務時間量を考慮するためにスーパーノードを 1 つ作成し，そこから各ヘルパーノードにそれぞれ 4 本のアークを設定して，勤務時間量の緩和下限，下限，上限，緩和上限を考慮できるようアークコストと流量の上下限を決める．緩和下限アークは，流量の下限を 0，上限を l'_i とし，アークコストを絶対値の大きな負の値にする [4]．下限アークは，流量の下限を 0，上限を $(l_i - l'_i)$ とし，アークコストを負の値（例えば $-w_i^-$）とする．上限アークは，流量の下限を 0，上限を $(u_i - l_i)$ とし，アークコストを 0 とする．緩和上限アークは，流量

---

[4] 流量の上下限とも l'_i に設定してアークコストを 0 とする方が定式化に沿うものの，現場においては「実行不可能」という結果を出すことが望ましくないため，流量の絶対下限を 0 とする設定を採用した．そして，その解が本当の意味で実行不可能であるか否かを人間が判断できるようにした．

8章 他の問題も考えてみる

の下限を 0, 上限を $(u'_i - u_i)$ とし, アークコストを正の値（例えば w_i^+）とする. また, スーパーノードからダミーヘルパーのノードへは, コスト 0, 流量の上下限がサービス時間の総和となるアークを設定する.

さらに, すべてのサービスノードからスーパーノードへアークを設定し, アークコストを 0 とするとともにアーク流量の上下限をサービス時間量 q_s と等しく設定する. ダミーサービスのノードからスーパーノードへは, コスト 0, 流量下限が 0, 上限がサービス時間の総和となるアークを設定する.

図 8.2 にネットワークのイメージを示す. 左右にあるスーパーノードは, 実際には同じ 1 つのノードを表しており, 循環ネットワークとなっている.

この問題は最小費用流問題となり, 一般的な訪問介護事業所における問題サイズを対象にすれば, 瞬時に最適解を求めることができる.

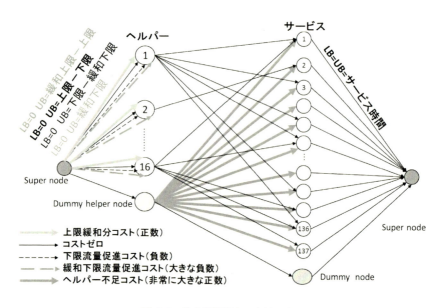

図 8.2 最小費用流ネットワーク

利用したアルゴリズムは, この緩和問題を子問題として持つ分枝限定法である. 上記の問題は, 移動時間も含めたサービス時間の競合や, 1 つのサービスは

1人のヘルパーが提供するという条件が緩和されているため，ダブルブッキングや，1つのサービスを複数のヘルパーで時間を分けて扱うようなスケジュールを与える可能性がある．そのような場合，そこに関わる変数（流量を表すもの）を1つ選び，その値を0および対応サービス時間に固定することで問題を分枝するというものである．

一方，サービスの数は1週間で数百程度，1ヶ月で数百から数千になるのが一般的である．それら一つひとつに対し，各ヘルパーが担当するか否かに対応する変数が必要なため，比較的変数の数が多くなる．そこで，問題サイズを極力小さくするために，全体最適性にもほとんど影響のない方法として，1週間毎の部分問題に分けて問題を扱うことにした．これは，ヘルパーの勤務可能時間帯やサービスに関する登録が1週間単位であることに依存するだけでなく，週を分けて解いても，勤務時間量の緩和上下限が極端に厳しくない限り，最重要とされる「カバーされないサービス時間量の最小化」が達成されるからである[5]．そこで，1週間分のスケジュールを週の数だけ繰り返し作成する方法を採用した．

分枝限定法における子問題の緩和問題（最小費用流問題）が高速に解けること，問題サイズが大きくなり過ぎないことから，最適解を高速に得る仕組みを準備することができた．訪問介護事業所で実際に運用した際にも，ヘルパー未割当のサービスが少なく，良質な解を得ることができた．

さらに，事業所毎の具体的な考慮点を組み入れられるよう，サービス毎にヘルパーを指定できるようにし，指定ヘルパーが休みの場合にも他の担当可能ヘルパーに自動割当するか否かも選択できるようにした．現場においてはサービス時刻の重なりを考慮して担当可能ヘルパーを決めていること，ある程度の数のサービスにヘルパー指定があることから，緩和問題の解は比較的早い段階で実行可能スケジュールとなる．結果として，探索木も大きくはならず，一般的に分枝限定法が抱える時間的リスクも少なくなっている．

---

[5] 週毎の勤務時間量に厳しい緩和上限が設定されると，1ヶ月を通しての緩和上限より条件がタイトになってしまう．また，W_s の値を大きく設定して「カバーされないサービス時間量を最小化」するために，緩和下限を守れない可能性も残る．

8.1.4　勤務表作成支援システム

8.1.3項のアルゴリズムを含む勤務表作成支援システムをWebシステムとして実装した．データ入力と解の修正に関しては，一般の表計算ソフトの編集機能を利用し，その完成されたインタフェースと機能を利用することで，利便性を向上させるとともに開発コストを抑えた．対象問題はデータが比較的大きく，すべての利用者やヘルパーの情報を一画面内に表示することが困難であるため，大きな表を扱う機能に長けた表計算ソフトの機能を利用することにしたのである．

基本的な作業の流れは以下のようになる．ユーザ（事業所における勤務表作成者）はWebサイトにアクセスし，表計算ソフトのファイルをダウンロードする．ヘルパーと利用者の名簿（名前情報）を作成するとともに，ヘルパーと利用者の基本情報（各曜日について登録されている情報）とスケジュールする月の情報（対象月のみのサービスの変更，勤務希望など）を入力し，アップロードする．この際，個人情報保護のため，名前をIDに変換する処理を行う．スケジューリングはサーバ上で自動で行われ，その解を表計算ソフトのファイルとしてダウンロードする．ファイルには未割当のサービス（カバーできなかったもの）などが表示されており，ユーザの考えに基づいて変更を行う．

以下に，この作業の詳細を記述するが，図に登場するのは架空の訪問介護事業所である（ヘルパーや利用者の氏名は，日本人に多い名字の上位から選んだものである）．図8.3は，本システムのWeb画面である．ヘルパー数と利用者数を入力することにより，スケジュール作成に必要な情報を入力するためのエクセルファイル（名簿ファイルと入力用ファイル）をダウンロードできる．

A. データ入力

名簿にヘルパーと利用者の名前を入力した後，メインメニュー（図8.4）に従い，名簿に対応したID変換を行うことで，入力用ファイルに個々の名前とデータ入力欄が準備される．そして，入力用ファイルに対し，年間を通して比較的変更の少ない基本情報の入力を行う．以下にそれぞれの入力内容と登録シートを示す．

8.1 訪問介護スタッフ・スケジューリング

図 8.3 勤務表作成支援システムの Web 画面

図 8.4 メインメニュー画面

8章　他の問題も考えてみる

ヘルパー基本情報：名前，勤務可能曜日と時間帯，1週間あたりの勤務時間量の上下限，上下限が守れなかった場合における絶対守るべき上下限（緩和上下限），ヘルパー間の勤務時間量の上下限を守る優先度．

利用者基本情報（図 8.5）：名前，各サービスの曜日と時刻，サービス内容，指定ヘルパーの有無，担当可能ヘルパーのリスト．

移動時間（図 8.6）：利用者宅間の移動時間．

以上がシステムの初回利用の際に必要な入力となるが，2回目以降の利用においては新規登録や登録内容の変更のみ行い，毎月行う入力と作業は以下のものとなる．

月間情報登録：基本登録情報に対し，対象月における休み希望やサービスの追加などの予定変更をヘルパー毎（図 8.7），利用者毎に入力する．

B. スケジューリング

スケジュール作成アルゴリズムを利用するために，データ入力したファイルをID変換し，Webにアップロードする（図 8.8）．個人名が流出しないようID変換しなければアップロードできないようになっている．Web画面でスケジュール作成方針と実行時間の上限を選択する．作成方針は自動割当が基本だが，指定ヘルパーが休みのときは，他の担当可能ヘルパーを自動割当する場合（標準設定）と，休みの場合は保留とする場合の2つから選べる．さらに，自動割当を行わずに指定ヘルパーのみ割り当てたスケジュールを与えることもできる．データ入力後（もしくはデータ入力中に）入力データの整合性のチェックを行う．移動時間を含め，競合するサービスを同じヘルパーに指定していないか等をチェックできる．

実行時間の上限は 1 分，5 分，10 分，30 分から選択できるが，設定上限より早く最適解（モデルに対する最適解）が得られれば，作成された勤務スケジュールが自動でダウンロードされる．時間内に得られなかった場合は暫定解がダウンロードされるが，我々の調査では，ほとんどの場合数秒から数十秒で最適解が自動ダウンロードされている（計算時間は数秒）．ダウンロード後，ID変換することにより，全員分の実名の入ったスケジュール（全体勤務表）を得る．

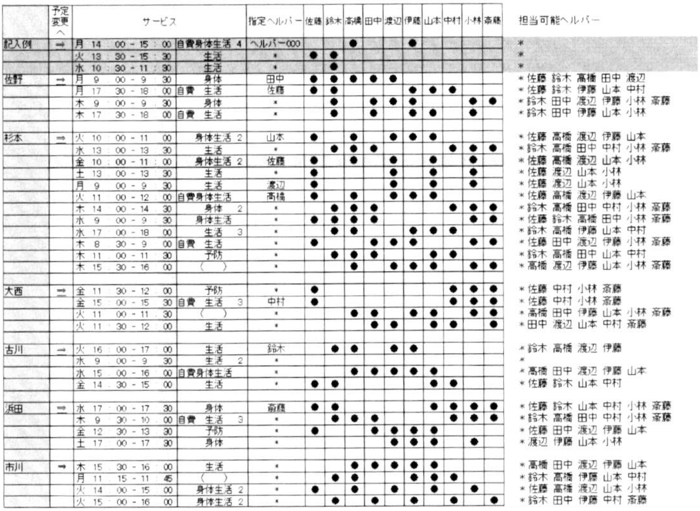

8.1 訪問介護スタッフ・スケジューリング

図 8.5 利用者基本情報登録シート

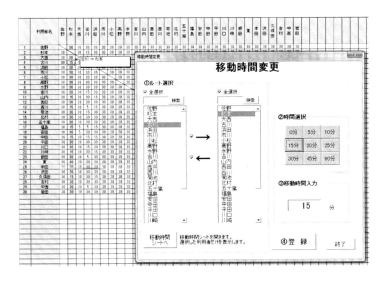

図 8.6 移動時間変更シート

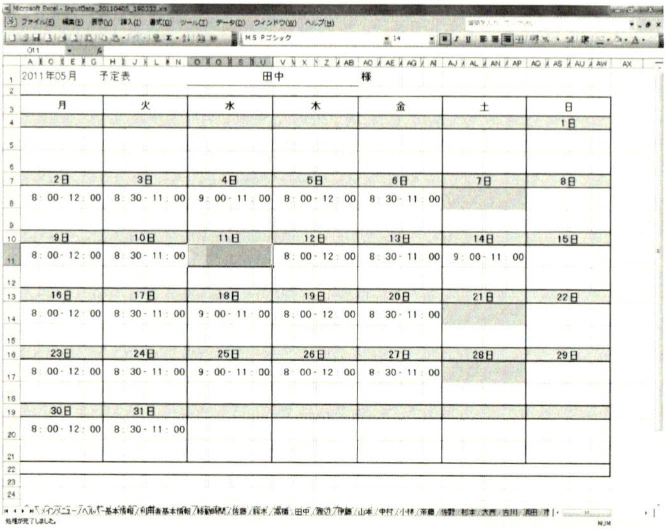

8章 他の問題も考えてみる

図 **8.7** ヘルパー月間情報シート（1 人分）

図 **8.8** データ入力したファイルをアップロードするための Web 画面

8.1 訪問介護スタッフ・スケジューリング

C. 編集（修正，印刷）

作成された全体勤務表に対して直接，もしくは，1日毎のガントチャート（図8.9）上で修正を行う．最終的な勤務表が完成したら，個々のヘルパーの勤務表（図8.10）と利用者のサービス提供表（図8.11）を印刷して配付する．利用者のサービス提供表の文字はできる限り大きくなるようフォーマットを工夫した．

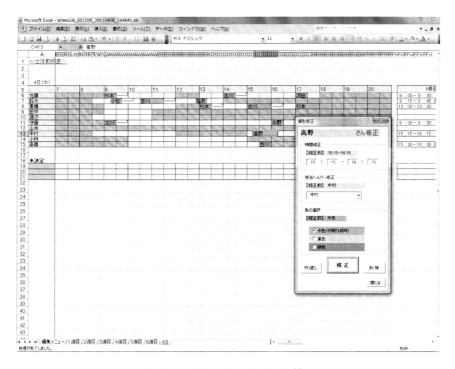

図 8.9　ガントチャート（1日分）

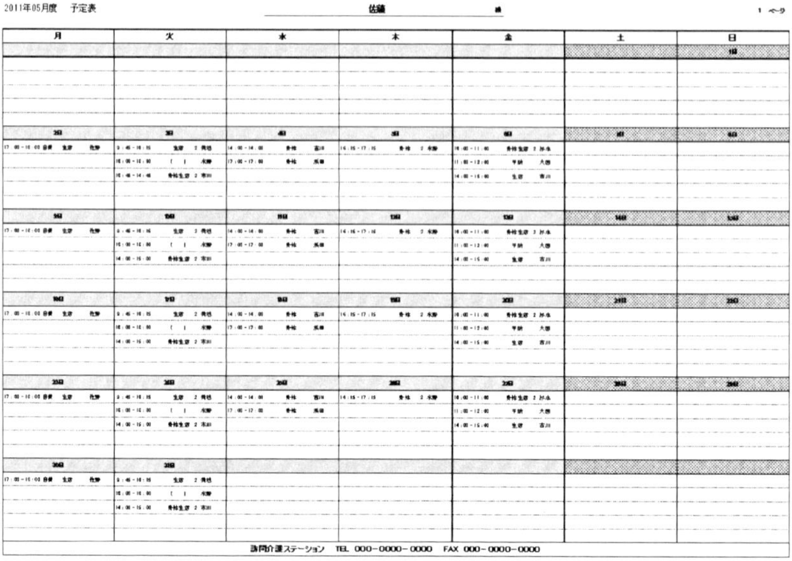

8章　他の問題も考えてみる

図 **8.10**　ヘルパー勤務表（1人分）

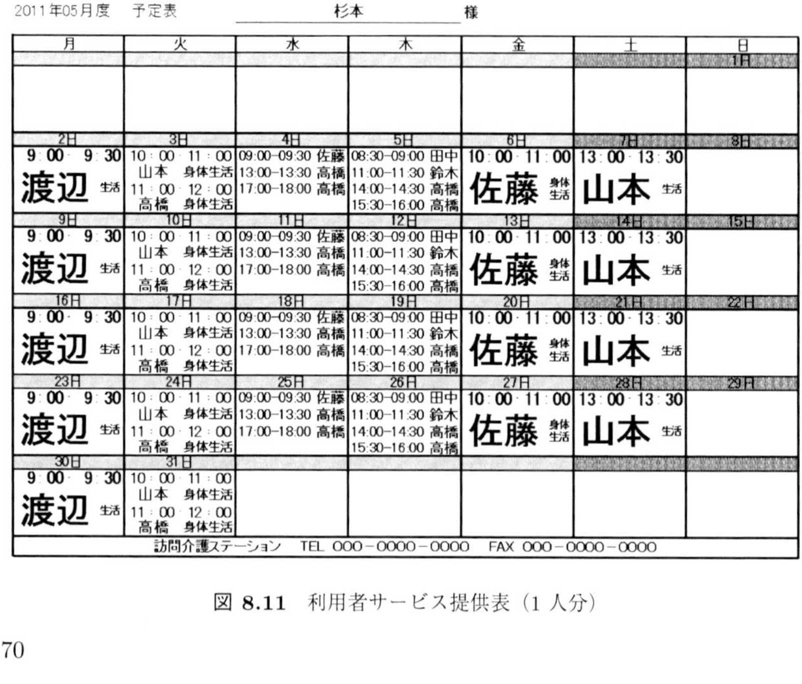

図 **8.11**　利用者サービス提供表（1人分）

8.2 シフト・スケジューリング

本節では,著者らのシフト・スケジューリング研究[6]の一部 [63] を紹介する.飲食店や小売店等のサービス業では,授業時間外を利用する学生アルバイトがスタッフの主戦力になっている場合も多い.勤務表作成においては,スタッフの都合に柔軟に対応できるよう(ナース・スケジューリングのように対象シフトが固定的ではなく),シフトの長さも時間帯も調整できるシフト・スケジューリング型であることが多い.勤務表はシフト表と呼ばれることもある.

様々な種類のサービス業を対象にすると,対象店舗数も膨大になる.サービスの種類によっても店舗によっても勤務表作成には特徴があるはずだが,サービスが発生する各時間帯に適したスキルと人数のスタッフを揃えること(シフト制約条件),各スタッフの勤務可能時間帯や勤務時間量を考慮すること(スタッフ制約条件)は,勤務表作成として共通する構造である.ナース・スケジューリングや訪問介護スタッフ・スケジューリングでもそうであった.

この研究では,多くの現場の勤務表作成を対象にできる汎用的なモデルの構築を目指した.そして,それらの勤務表作成における共通部分と違いを把握するため,2013 年 3 月に勤務表作成者を対象としたアンケート調査を行った [63].

複数現場での予備調査により,勤務表作成における考慮項目の候補を列挙し,アンケートではそれらに対し「絶対に考慮」「できれば考慮」「気にしない」で回答してもらった.回答者数は 515 である.表 8.1 に回答結果を示す.「絶対に

表 **8.1** 考慮項目に対するアンケート調査結果 [63]　（回答%）

考慮項目	絶対に考慮	できれば考慮	気にしない
ベテランを必ず配置	31.1	47.0	21.9
スタッフの能力	28.5	56.5	15.0
スタッフ間の人間関係	10.9	50.7	38.4
人件費	28.2	53.2	18.6
勤務時間の長短	23.9	55.5	20.6
連続勤務時間	44.5	43.3	12.2
公平さ	33.2	51.7	15.1
希望時間・曜日	42.9	50.7	6.4

---

[6] 本研究は,2012〜2015 年,(株)リクルートジョブズと行ったものである.

8章 他の問題も考えてみる

考慮」欄の，30％以上の回答に下線を引いたが，ベテランの配置，スタッフの働く時間量や時間帯が重視されていることがわかる．

さらに，聞取り調査やアンケート調査の結果からは，店舗による勤務表の違いは，その要素となるスタッフの1日における働き方の違い（1日分のスケジュールの違い）であることがわかった．例えば，各日の各スタッフの勤務時間帯（出勤時刻と退勤時刻）だけを決定する場合もあれば，各時間帯における業務まで決定する場合もある．そして，1日に行える業務数やその長さや並びの条件も異なる．また，スケジュールの最小時間単位（タイムスロットの長さ）も，店舗によって，1時間，30分，15分等の違いがある．そこで，1日分のスケジュール構成の違いを以下のように整理した．

1. 始業時刻と終業時刻．
2. タイムスロットの長さ（最小時間単位）．
3. 1日の勤務時間量の下限と上限．
4. 業務種類数と内容．
5. 各業務の始業時刻と終業時刻．
6. 各業務の1日の勤務時間量の下限と上限．
7. 各業務で考慮すべきスキルレベルの数．
8. 1業務を（他業務をはさんで）分割して行えるか否か．
9. 1業務を分割して行える場合，1回の勤務時間量の下限．
10. 1日に行える業務数の上限．
11. 1日に一緒に行えない業務の組合せ．
12. 連続して行えない業務の組合せ．

スタッフ毎に可能業務が異なることや，そのスキルレベルも異なることを考慮し，各スタッフの各日のスケジュール候補を，現場毎の違いにあわせて作成できれば，それらを組み合わせて，その現場にあった勤務表作成が可能になる．つまり，店舗間の勤務表作成の違いが「スタッフの1日における働き方の違い」であることに基づき，現場毎の働き方にあわせた個別単日スケジュールを利用することで，汎用的な定式化で表すことができるようになると考えた．

個別単日スケジュールは，現場の営業形態や勤務のルールに合わせ，つまり

8.2 シフト・スケジューリング

前述の項目 1 から 12 に従って作成できる．さらに，対象スタッフの勤務可能時間帯や可能業務に合わせて絞り込めるうえ，長さも 1 日分なのでその数が膨大になることはなく，列挙も比較的容易である．

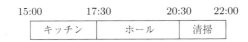

図 8.12 業務まで決まった個別単日スケジュールの例

もし，業務内容を決めずに勤務時間帯だけ決定する場合は，業務種類数を 1 として考えればよい．

8.2.1 個別単日スケジュールを組み合わせる定式化

各スタッフの各日において高々 1 つの個別単日スケジュールを選択し，それらを組み合わせて人数を揃える定式化を考える．意思決定変数として，スタッフ i の日 j に個別単日スケジュール p を採用するとき 1，そうでないとき 0 となる x_{ijp} を利用する．

記号

M: スタッフの集合．

N: スケジューリング対象日の集合．

$H_j, j \in N$: 日 j のタイムスロットの集合．

K: 業務の集合．

$P_{ij}, i \in M, j \in N$: スタッフ i の日 j の個別単日スケジュールの集合．個別単日スケジュールは $\rho_{ijphk}, i \in M, j \in N, p \in P_{ij}, h \in H_j, k \in K$ で表す（スタッフ i の日 j の個別単日スケジュール p のタイムスロット h が業務 k であるとき ρ_{ijphk} は 1，そうでなければ 0）．

$e_{ijp}, j \in N, i \in M, p \in P_{ij}$: スタッフ i の日 j の個別単日スケジュール p の勤務時間量．

$R_k, k \in K$: 業務 k で考慮すべきスキルレベルの集合．

$\delta_{ikr}, i \in M, k \in K, r \in R_k$: スタッフ i の業務 k のスキルレベルが r である

8章 他の問題も考えてみる

か否かを示す (スキルレベルが r なら 1, そうでなければ 0).

- $a_{jhkr}, b_{jhkr}, j \in N, h \in H_j, k \in K, r \in R_k$: 日 j のタイムスロット h の業務 k におけるスキルレベル r のスタッフの勤務人数の下限と上限.
- $l_i, u_i, i \in M$: スタッフ i の勤務時間量の下限と上限.
- $c_j, j \in N$: 日 j に勤務するスタッフ数の上限.
- $x_{ijp}, i \in M, j \in D, p \in P_{ij}$: スタッフ i の日 j に個別単日スケジュール p を採用するとき 1, そうでないとき 0 となる意思決定変数.
- $\alpha_{jhkr}^-, \alpha_{jhkr}^+, j \in N, h \in H_j, k \in K, r \in R_k$: 日 j のタイムスロット h の業務 k におけるスキルレベル r のスタッフの勤務人数のそれぞれ不足分と過剰分を表す変数.
- $\beta_i^-, \beta_i^+, i \in M$: スタッフ i の勤務時間量のそれぞれ不足分と過剰分を表す変数.

定式化

Minimize

$$\sum_{j \in N} \sum_{h \in H_j} \sum_{k \in K} \sum_{r \in R_k} (w_{jhkr}^- \alpha_{jhkr}^- + w_{jhkr}^+ \alpha_{jhkr}^+) + \sum_{i \in M} (w_i^- \beta_i^- + w_i^+ \beta_i^+) \quad (8.17)$$

subject to

$$a_{jhkr} - \alpha_{jhkr}^- \leq \sum_{i \in M} \sum_{p \in P_{ij}} \delta_{ikr} \rho_{ijphk} x_{ijp} \leq b_{jhkr} + \alpha_{jhkr}^+$$
$$j \in N, h \in H_j, k \in K, r \in R_k \quad (8.18)$$

$$\sum_{i \in M} \sum_{p \in P_{ij}} x_{ijp} \leq c_j \qquad j \in N \quad (8.19)$$

$$l_i - \beta_i^- \leq \sum_{j \in N} \sum_{p \in P_{ij}} e_{ijp} x_{ijp} \leq u_i + \beta_i^+ \qquad i \in M \quad (8.20)$$

$$\sum_{p \in P_{ij}} x_{ijp} \leq 1 \qquad i \in M, j \in N \quad (8.21)$$

$$x_{ijp} \in \{0, 1\} \qquad i \in M, j \in N, p \in P_{ij} \quad (8.22)$$

$$\alpha_{jhkr}^-, \alpha_{jhkr}^+ \geq 0 \qquad j \in N, h \in H_j, k \in K, r \in R_k \quad (8.23)$$

$$\beta_i^-, \beta_i^+ \geq 0 \qquad\qquad i \in M \quad (8.24)$$

ここで，目的関数の w_{jhkr}^-, w_{jhkr}^+, w_i^-, w_i^+ は，それぞれ勤務人数の過不足 α_{jhkr}^-, α_{jhkr}^+, 勤務時間量の過不足 β_i^-, β_i^+ に対するペナルティである．

式 (8.18) は日 j のタイムスロット h の業務 k におけるスキルレベル r のスタッフ勤務人数の上下限を守ろうとし，その過不足を目的関数で最小化する．式 (8.19) は各日の勤務スタッフ合計人数の上限をつけている．式 (8.20) は各スタッフの勤務時間の上下限を守ろうとし，その過不足を目的関数で最小化する．そして式 (8.21) はスタッフ i の日 j に選択される個別単日スケジュールは高々 1 つであることを表している．

表 8.1 に挙げた考慮項目に対して考えると，「連続勤務時間」「希望時間・曜日」については個別単日スケジュール作成の際に反映できる．「ベテランを必ず配置」「スタッフの能力」はスキルレベルの設定と勤務人数の上下限，つまり制約式 (8.18) で考慮できる（4 割近くが「気にしない」と回答している「人間関係」も，必要であれば組合せを避けるスタッフに疑似的なスキルレベルを設定し，そのスキルレベルからの勤務人数の上限を 1 にするといった工夫ができる）．「勤務時間の長短」は制約式 (8.20) で考慮できる．また，「公平さ」では，働く量に関する公平さが主に求められることから，「勤務時間の長短」として制約式 (8.20) で考慮できる．

さらに，現場毎，スタッフ毎に異なる個別単日スケジュールをすべて列挙して（集合 P_{ij} を設定して）利用するモデルを構築することで，営業時間や業務の内容も全く違う多くの現場に適用可能になる．

8章 他の問題も考えてみる

8.3 学校時間割作成

　学校教育現場では，授業を受ける児童，生徒，学生にとって，そして，授業を行う教員にとっても，授業時間割が重要な役割を果たす．授業をスケジューリングする授業時間割作成においては，各科目が適した時間帯にバランス良く配置される必要がある．

　学校における時間割作成 (educational timetabling) を大きく分けると，大学の 1 つのコースや学科の学生にとって受講可能な授業が同じ時間にぶつかることをできる限り避けるコース時間割作成 (university course timetabling)，小学校，中学校，高等学校のように 1 人の児童，生徒が受講する授業が同じ時間に重なることを絶対許さない授業時間割作成 (school timetabling) や，中学校，高等学校，大学の定期試験のための試験時間割作成 (examination timetabling) がある [58]．ちなみに，授業時間割作成では，各クラスの各科目を担当する教員があらかじめ決まっていることが一般的である．

　さて，著者の勤務する成蹊学園は，小学校，中学校，高等学校，大学を持ち，児童，生徒，学生のすべてが吉祥寺の自然あふれるワンキャンパスで活動している．各校では複数の難しい時間割作成が発生しており，その解決は大きな課題となっている．つまり時間割研究にはもってこいの環境である．

　一般的に，小学校では多くの教科科目を担任教員が担当するが，ここでは高学年になると科目の専門の教員が複数のクラスを担当する体制をとっているため，時間割作成が中学校並みに難しくなっている．また，小学校の特徴だと思うが，運動会前期間，夏の水泳授業期間，文化祭前期間においては，練習などを考慮した特別な時間割が作成され，年に 4 回の時間割作成が発生している．

　中学校，高等学校では，授業時間割作成だけでなく，期末試験が終わった後の答案返却時間割作成がある．2 日か 3 日間を対象に，各科目が 1 回ずつ登場する時間割を作成している．高等学校においては，答案返却時間割作成，授業時間割作成の両方においてコース科目の存在を意識しなくてはいけない．コース科目とは，ホームルームクラスの生徒が一緒に授業を受ける通常科目に加え，複数のホームルームクラスの生徒が理系，文系に基づく複数のコースに分かれて授業を受ける科目のことである．1 人の教員が，通常科目もコース科目も担

当し，さらには中学校，高等学校にまたがる複数学年を担当する場合もあることから，現場では各学期毎に苦労の多い時間割作成作業が発生している．

一方，大学では答案返却時間割作成はないが，年 2 回，大学のすべての学生にとって「履修科目の試験が決して重ならない」時間割を作成する試験時間割作成（対象期間は 10 日くらい）が発生している．

授業時間割作成とは少し性質が異なるかもしれないが，試験実施においては，各試験を行う各教室に試験監督を割り当てる必要がある．例えば，中学校，高等学校の定期試験では各クラス 1 人の監督，大学では履修人数により 2～数人の監督が必要になる．各時限に予備監督も数人必要である．これら試験監督割当では，監督を行う教員の負荷を公平にすることが求められている．

成蹊学園では，時間割作成，試験監督割当について，小学校，中学校，高等学校，大学，各校の教員，大学の教務部職員，学生をメンバーとしたプロジェクトを組んで取り組んでいる．中学校・高等学校の試験監督割当と答案返却時間割作成については，学生たちが問題をモデル化し，実用できる解を得る仕組みを作った．エクセルシートをデータ入力や結果出力に利用し，フリーのソルバーで解を得る簡単な支援システムのプロトタイプも作ったので，今後，本格的なシステムを構築する際に利用できそうである．一方，1 年間を通じて利用する授業時間割作成においては「教育の質を考慮できるだけでなく多くの学校に適用できるモデル」を構築することが難しく，日々，試行錯誤を続けているところである．また，うまくモデル化，定式化できたとしても，汎用ソルバーで簡単に解く，という対象ではないと（現時点では）感じている．

8.3.1 小学校の授業時間割作成

ここでは，授業時間割作成の中でも比較的扱いやすい小学校の授業時間割作成のモデル化 [61] の過程を紹介することで，時間割作成の概要を知っていただこうと思う．小学校時間割作成について，私立，公立あわせて 3 つの小学校を対象とした調査で明らかになった制約を，最適化問題として定式化することを意識しながら整理した．以下に，それらを 5 つに分けて示す．

8章　他の問題も考えてみる

■各クラスの各時限についての制約
1. 各時限で必ず1つの授業を行う．

■各クラスの各教科についての制約
2. 対象期間において必要数の授業を行う．
3. 指定する区間における授業数の上下限を守る．
4. 1日における授業数の上下限を守る．
5. 授業実施日数の上下限を守る．
6. その教科にとって可能時限に授業を行う．
7. 指定された教室で行う．
8. 2時限連続する必要がある教科は指定した回数だけ2時限連続で行う．
9. 2時限連続する場合，2時限とも同じ教室で行う．

■各教員についての制約
10. 授業が行えるのは，その教員にとって授業可能時限に対し高々1つである．
11. 1日に行う授業数の上下限を守る．

■各教室についての制約
12. 各教室で1つの時限に行える授業は1つである．

■その他の制約
13. ある教科集合の授業が，ある時限集合の時限に行われる数の上下限を守る．
14. ある教科の並びを避ける．

　項目の多くは，そのまま理解しやすいものが多いが，そうでないものについて，簡単に説明する．例えば，1週間の時間割を作成する場合，項目2は1週間で行う授業数を考慮するものである．項目3はある区間（例えば週前半，週後半）を対象に授業数を考慮するものであり，1つの教科がある期間に偏らないようにする制約である．項目5は1日に複数回授業を許す教科に対し，その偏りを避けるものである．例えば，項目2で1週間（5日間）の必要授業数が6であり，項目4で1日の授業数の上限が2だった場合，1日2回授業を3日で行うことが好ましいのか，1日2回授業が1日，それ以外は毎日1回授業と

8.3 学校時間割作成

なるのが好ましいのか等を考慮できる.

どの小学校のどんな状況にも適用できるようなモデルにするため，我々が工夫した制約は，項目 13 と 14 である．項目 13 は，朝の 1 限目や給食前の 4 時限目の授業は担任授業であることが好ましければ，担任以外の教科となる教科集合と，各曜日の 1 限と 4 限を要素とする時限集合を用意し，その教科集合の教科の授業を，その時限集合の時間に割り当てる数に上限を設定することになる（上限を 0 にすれば禁止できる）．これはクラス毎に設定する例であるが，教員毎に（教員集合の要素は対象教員のみとし），教員にとって好ましくない時限集合を用意して，そこに割り当てる数を制御することもできる.

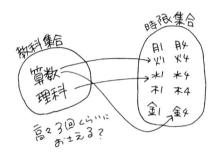

項目 14 は，1 つのクラスの視点で考えると，移動を伴う教科の授業が並ぶことを避けたり，前日の最後の授業と翌日の 1 時限目の授業が同じ教科にならないようすること等，そして，1 人の教員の視点で考えると，異なる準備が必要な授業（学年が異なる教科）が続くことを避けること等を考慮できる．なお項目 14 は，対象の 2 教科で教科集合，対象 2 時限を時限集合に設定すれば項目 13 の制約として扱えそうにも思えるが，並びの順序まで考慮する場合もあるので，あえて分けて扱うことにする．一方，項目 2 と 4 は指定する区間を「全体」や「1 日」とすれば，項目 3 の 1 つと考えることができる.

研究 [61] では，これらの制約を表す定式化を行い，教科 s を時限 j に教室 r で行うとき 1, そうでないとき 0 となる 1-0 意思決定変数 x_{sjr} を利用した．現実のデータ（小学校 6 学年全 24 クラスの 2 週間分の時間割）に対し，最適化汎用ソルバー (CPLEX) を利用して求解を試みたところ，項目 1 から 14 をす

べて制約として与えてしまうと，実行不可能という結果であった．人の命に関わるナース・スケジューリングと同様，教育の質に関わる授業時間割作成においても，制約が過剰になってしまう傾向があるようである．なお，このときは目的関数を設定しなかった．

そこで，実際に利用されている時間割を観察し，どの制約が必ず守られているのか，どの制約を諦める可能性があるのを調べてみた．その結果，緩和対象となる制約が以下の4つであることがわかった．

7. 各教科は指定された教室で行う．
11. 各教員の1日に行う授業数の上下限を守る．
13. ある教科集合の授業が，ある時限集合の時限に行われる数の上下限を守る．
14. ある教科の並びを避ける．

なんらかの解を得るために，これらを違反した場合に値を持つ変数をそれぞれ用意し，目的関数で重みをつけて最小化することを考えた．その結果，さきほどと同じ時間割作成に対し，2時間弱で最適解を得ることができた．ただし，その解をそのまま時間割として採用できるかというと，そううまくはいかなかった．例えば，項目13の制約で同じ学年で比べるとクラスの間に不公平があったり，項目11で教員間に不公平が起きていたのである．項目7も，指定された教室以外の教室で行う回数は，クラス間で偏りがない方がよい．

そこで，これらの公平さを考慮するため，クラス間や教員間で，元の制約を違反する度合いの最大値を最小化したり，クラス毎もしくは教員毎に対する違反量の増加に対し，ペナルティの増加幅を大きくして（例えば違反量の2乗を与え）その総和を最小化することを考えた．しかし，それらをモデルに加えたところ計算時間が非常に長くなり，10日くらいかけても最適解が得られない状況になった．ただし，10日かけた後の暫定解は，質的には問題ないものが得られている．

これらの結果を踏まえ，公平さをどう扱っていくかや，高速なアルゴリズムの構築について，検討を始めているところである．

9章

現実問題を最適化はどう支援するか

現実問題を解決しようと思うとき，「本当に解決したい問題はなんだったのだろう」「自分は，本当に問題を理解しているのだろうか」と思うことがある．

その昔，製鉄所で鋳造された半製品であるスラブを対象とした問題を扱ったことがある．メールで送られてくる図や数値で問題を把握し，問題解決のためのモデルやアルゴリズムを構築していた．スラブは羊羹のような形で積まれており，重さも大きさもちゃんと把握しているつもりだった．しかし，現場に行ってみると，それは半端なく大きく，動かすためには天井からぶら下がっている大きなクレーンのようなものが必要だった．唖然としたのは，今考えるとウソのようだが，自分がスラブを単なる羊羹としか思っていなかったことである．手で持ち上げて，包丁で切って，食べる（処理する）くらいの発想である．全く現実感がなく，対象とする解決問題の周辺を見渡す視点が抜け落ちていたのである．

著者は，現実問題を解決することが大好きである．パズルを解くのと同じくらい好きである．だから，初めて現実問題を扱ったときのことは忘れられない．現場の工場に少しでも役に立てたことがうれしく，とにかく楽しかった．しかし，やはり，そのときも著者は「問題把握の難しさ」にも遭遇していた．

本章では，そのときに感じた疑問や感想[1]を，少し幼稚な内容で恐縮ながら，紹介したい．そして章の後半では，現実問題に対して最適化モデリングやアルゴリズムができること，を考えてみたい．

---

[1] 2006年のオペレーションズ・リサーチ誌の特集「世紀を最適化する女性たち」のための記事「問題把握の難しさ」[32]の内容の一部を書き直したものである．

9章 現実問題を最適化はどう支援するか

9.1 はじめての現実問題

ORや最適化がなんであるかもわからなかった頃の著者が，初めて出会った現実の問題（ただちに解決すべき問題）で頭を悩ませたことを，紹介させていただきたい．

主力製品が高い世界シェアを誇る会社の，ある工場での問題である．その工場では，その主力製品をサイズ別，色別に製造していたが，社会主義国家への輸出の際，製品の箱詰めの工夫が必要だった．注文は，その国全体として必要な「各サイズ・各色の製品の数」で与えられ，輸出先で各地方に均等に製品を配りたいので，できるだけ同じ詰め方の箱をたくさん作りたいという要望があった．1つの箱には同じサイズの製品しか入らないので，ここでは，すでに対象とする製品のサイズは絞り込んだ下で，各色の製品がどれだけの数で注文されたか，で話を進めたい．

問題

製品の色の数を n，各色の注文数を d_j, $j = 1, \ldots, n$ としたとき，容量 c の箱を利用してこれらの注文製品を箱詰めしたい．各箱に入る色の種類数はできる限り m としたうえで，できる限り同じ内容の箱が多くなるような詰め方を決定せよ（つまり，各色に対する製品数のパターンを複数考え，それらのパターンで詰められる箱の数をそれぞれ決定せよということ）．

問題例

注文製品は17色 ($n = 17$)，箱の容量は25製品 ($c = 25$)，各色の注文数 (d_j, $j = 1, \ldots, 17$) が表9.1で示す通りであるとき，1箱あたり8色 ($m = 8$) になるようにしながら，できる限り同じ内容の箱が多くなるように，注文製品の詰め方を決定せよ．

9.2 まずは解を得る

さて，読者の皆さんは，この問題を読んでまずどうお考えになっただろうか．即座に紙とペンを用意された方，もしくはコンピュータに向かおうとされた方はおられるだろうか．それとも「このままじゃ解けない」と思われたか，最適

表 9.1 色別の注文数

色番号 (j)	注文数 (d_j)
1	180
2	180
3	120
4	120
5	180
6	180
7	160
8	150
9	90
10	90
11	80
12	100
13	60
14	40
15	30
16	60
17	90

化の観点からすると「非常に簡単」「つまらない」と思われただろうか.

当時の著者は，とにかく解を得たいという気持ちが強く，すぐコンピュータに向かってプログラムを作り始めた．気になるのは「できる限り」という言葉と「同じ内容の箱の数の最大化」の意味である．1つ目の「できる限り1箱に m 色」について現場に問い合わせると，「詰めていくとだんだん各色の残りが少なくなってきて，最後の1箱や2箱，m 色に足りない場合もあれば，それより多くなってしまうこともあり，それはしかたない」とのことだった．だから「できる限り」でいいのだという．それより「同じ内容の箱をできる限り多く」が大切なのだそうだが，言語理解力のない著者は「できる限り」の最適なバランスはどこなのだろうと，漠然と考えていた．とはいえ，何か解を得たいと思い，勝手に問題を設定し，解を出してみた．

提案するパターンの数を p, パターン i の中の色 j の製品数を x_{ij}, $i = 1, \ldots, p$,

$j = 1, \ldots, n$, パターン i の箱の数を y_i, $i = 1, \ldots, p$ としたときに, y_i, $i = 1, \ldots, p$ の中の最大値を最大にすることを考えた. 表 9.2 はそのときの解だが, それぞれのパターンの内容の数値が x_{ij} にあたる (パターン i において $x_{ij} > 0$ となる x_{ij} の数は, ちょうど 8 が望ましい). y_i の最大値が 45 であり, 77 箱中 45 箱が同じ内容の箱となるが, 実際, この値は, これ以上大きくはできないはずである.

表 **9.2** 詰め方その 1

色番号	1	2	3	4	5	6	7	8	9	10	11	12	13	14	15	16	17	
注文数	180	180	120	120	180	180	160	150	90	90	80	100	60	40	30	60	90	
パターン 1	4	4	2	2	4	3	3	3										45 箱
残り			30	30		45	25	15	90	90	80	100	60	40	30	60	90	
パターン 2						2			4	4	3	4	2			2	4	22 箱
残り			30	30		1	25	15	2	2	14	12	16	40	30	16	2	
パターン 3			4	4			3	1					2	5	4	2		7 箱
残り			2	2		1	4	8	2	2	14	12	2	5	2	2	2	
パターン 4			1	1		1	2	4			8	6		2				1 箱
残り			1	1		1	2	4	1	2	6	6	2	3	2	2	2	
パターン 5							2	4		2	6	6	1	3	1			1 箱
残り			1	1		1			1				1		1	2	2	
パターン 6			1	1		1			1				1		1	2	2	1 箱

アルゴリズムは, 貪欲法的な非常に簡単なもので, 注文数 d_j (または詰め残している製品数を表す便宜上の d_j) の大きい順に m 色選び (それらの色の集合を M とし), それらでできるだけ同じ内容の箱が多く作成できるよう, パターン i (容量 c) の箱に詰める製品数 x_{ij} をおおよそ $c \cdot d_j / \sum_{j' \in M} d_{j'}$ となるように決定し (他の色の x_{ij} は 0 に固定して), それを繰り返すだけである.

例えばパターン 1 では, 注文数の多い順に色番号 1〜8 を選び, それらの注文数の合計 $(180 + 180 + 120 + 120 + 180 + 180 + 160 + 150 = 1270)$ を計算する. そして, $x_{11} = x_{12} = x_{15} = x_{16} = 25 \times 180/1270 = $ 約 3.5, $x_{13} = x_{14} = 25 \times 120/1270 = $ 約 2.4, $x_{17} = 25 \times 160/1270 = $ 約 3.1, $x_{18} = 25 \times 150/1270 = $ 約 3.0 を計算し, 小数点の切上げ, 切捨てのためにな

んらかの（ごく単純な）ルールを適用し，合計数が 25 になるようにする．この例では，$x_{1j}, j = 1, \ldots, 8$ を，それぞれ $4, 4, 2, 2, 4, 3, 3, 3$ とし，このパターンで 45 箱まで詰められる．そしてその残りを計算した後，新しい d_j として扱い，また数の多いほうから 8 色選んでパターン 2 を作成していくことになる．

9.3 本当に望まれる解

最初に結末を報告すると，このアルゴリズムに入出力のための簡単なインタフェースをコンピュータメーカが加え，現場で利用してもらうことになった．そして実際，効果を発揮したとのことだった．

現場では，製品のサイズの種類も多く，この作業に対し今となっては信じられないほどの時間をかけていたこともあり，圧倒的な時間短縮（データ入力した瞬間に解が得られること）は魅力的だったかもしれない．また著者にとっても，自分が作ったものが（まだアルゴリズムというほどの代物ではなかったものの）誰かの役に立ったという経験は，その後のモデリングやアルゴリズムの勉強・研究において大きな励みになった．

さて，話題を元に戻す．「しかし，本当に，この解でよかったのだろうか？」と，真剣にこのことを考え始めたのは，プログラムが自分の手を離れていってからのことである．

あとから考えた他の解の例を表 9.3 に示す．y_i の最大値は 45 のままだが，2番目に多いパターンの箱数は 22 から 24 に増え，パターンの種類の数 p は 6 から 5 に減っている．著者にはだんだん，後からの解の方が良いように思えてきた．「しかし，本当に，そうなのだろうか？」

それから，いろいろなことを思い巡らせた．はてさて，輸出先の国は，なぜそんなに同じ内容の箱がたくさん必要なのだろうか？ 多くの地域に同じように製品を供給したいからということなのだが，対象地域の数はいくつぐらいなのだろうか．例えば対象地域の数が 40 とか 30 とか 20 とかだったら，y_i の最大値の 45 にどれほどこだわる必要があるだろうか．例えば，対象地域の数が 15 だったら，45 にこだわるかもしれない（45 は 15 の倍数なので）．もしかすると，1 種類のパターンだけが多くなるより，提案されるパターンのそれぞれが

9章　現実問題を最適化はどう支援するか

できるだけ多くなる（例えば5種類のパターンが，それぞれ19箱，19箱，19箱，19箱，1箱の）方がよかったのかもしれない．いったい，問題の本当の目的や制約はなんだったのだろうか．「できるだけ同じ内容の箱の数を多く」の意味は，何を基準においてだったのだろうか．

表 9.3　詰め方その2

色番号	1	2	3	4	5	6	7	8	9	10	11	12	13	14	15	16	17	
注文数	180	180	120	120	180	180	160	150	90	90	80	100	60	40	30	60	90	
パターン1	4	4			4	3	3	3	2	2								45箱
残り			120	120		45	25	15			80	100	60	40	30	60	90	
パターン2			5	5				1			3	4	2			2	3	24箱
残り						45	1	15			8	4	12	40	30	12	18	
パターン3						7		2			1		1	6	5	1	2	6箱
残り						3	1	3			2	4	6	4		6	6	
パターン4						2		2			1	2	5	2		6	5	1箱
残り						1	1	1			1	2	1	2			1	
パターン5						1	1	1			1	2	1	2			1	1箱

ここで，著者が得た事実は「私は問題を，本当には知らなかった」ということだった．本当に望まれる解というのは，本当は何をしたいのか，何が問題なのかを知らないことには提供できないものなのだ，という，ごく当たり前の結論に行き着いたのである．

9.4　問題把握の難しさ

このときから多くの年月がたった今でも，問題解決に取り組む人間が問題を正しく把握できていないと思われる場面に遭遇することがある．自分を含めて，であるが，現実感が欠如している場合もあれば，目的よりも道具（利用するシステムやアルゴリズム）を優先してしまう場合もある．

残念ながら，正しい問題把握を妨げる要因は数多く存在する．問題を抱える人間と解決しようとする人間が別な場合，伝言ゲームによって消失する情報も多い．現場の人間にとっては当たり前すぎて明記する必要を感じない「重要な制約や目的」がある場合もある．逆に，必要なものとして与えられた制約が，他

の制約との組合せにより気にしなくてもよくなる場合もあったりする．また，現場に行かないとわからないことも多い．

当時の経験の影響があったかなかったかの意識はないが，その後，ビークル・ルーティングに没頭した時期には，配送車/収集車のルートを自ら運転してみたり，ナース・スケジューリングに没頭している時期にも，考えられる限り，可能な限り，体を動かし，身体的感覚を駆使して，問題を知りたいと思ってきた．

余談ではあるが，配送車/収集車のルート作成の評価尺度の1つに，信号の通過数最小化が含まれていることを知ったのは，ある配送車/収集車のルートを走ってみて，一時停止の場面が非常に多く存在していたからである．移動時間最小化が目的であるので，信号の待ち時間最小化が含まれることくらい，人によってはすぐ思いつくことかもしれないが，地図を見るだけでは思いつかなかった事実に，妙に感動したことを憶えている．

9.5 人間の思考に調和する最適化

これまでの章では，ナース・スケジューリングのモデリング，アルゴリズム，そして，僅かではあるが，解の可能性つまり解空間の把握について述べてきた．その中で，何度か表現を変えながら登場させた言葉として，「暫定的に設定した目的関数」「暫定的な解」がある．ここでは，暫定的に，と但し書きをした理由を，あらためて説明する．

人間の評価尺度に依存する意思決定においては，潜在的に考慮している制約条件や評価尺度をあらかじめすべて列挙することが難しい．たとえ列挙できたとしても，それを入力したり式で表現することが最終的な解を得るために効率的とは限らない．

例えば，昨日良いと思っていたことが今日になって微妙に評価が悪くなることは，現実問題ではよくあることだ．そして，枝葉にこだわることで問題の根幹が見えなくなることもある．モデルは，すべてを表すことを目標にするのではなく，問題の本質に対する共通理解を深めるためにも，モデル構築する人間にとって「普遍的と思われる」問題要素を表現すべきと考える．

また，それとは別に，人間の評価尺度に依存する割合が大きい意思決定では，

9章　現実問題を最適化はどう支援するか

最適化モデルが与える解を評価する尺度として，最終的に採用される解（その人にとっての暗黙的な最適解）に対する「近さ」も考慮されるべきである．ここでいう「近さ」とは，修正のための手間が少ないことをいう．これに関して，現在著者や研究仲間が取り組んでいる「最適化問題」がある．それは，問題が与えられてから実際に採用される解ができあがるまでの「最短路」を求める問題である．そしてこの問題の意思決定こそが，本書のテーマであるモデリングである．

優れたモデルは，入力が少なく，求解効率が良く，得られた解から採用されるまでの修正の手間が少ないと考えられる．入力コスト＋求解コスト＋修正コストを最小化できる「モデルを求める」ことが，その最適化問題にあたる．

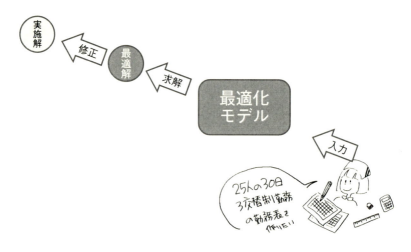

図 9.1　最適化を利用した意思決定の流れ（最短路）

ここで現実問題の解決ポイントとなるのが，修正コストである．修正は，モデルでは表しきれなかった評価尺度を解に反映させるばかりではなく，緩和してもよい制約を取捨選択する過程でもある．つまりは，最適化モデルが与える解がこの作業をいかに少ない手間で可能にするか，が勝負である．

ナース・スケジューリングにおいて，ナース制約条件の緩和はナースの体調や性格を把握している現場責任者の修正作業で行うべきで，その修正を効率的

に行えるよう「すべてのナース制約条件を守った下で，シフト制約条件を守らない度合いを最小化した解を与えるべき」と著者が主張している理由がここにある．著者らのモデルが与えるナース制約条件をすべて守った解は，採用される解までの距離（手間）が小さいのである．これは，実用期間に入った勤務表に対し，ナースの急な休み等があった場合，少ない手間（変更）で，他のナースへの影響を最小にする解を得ることを可能にするともいえる．

一方，これらに加えて，より効率的な修正を可能にする情報として，修正の自由度としての解空間の提示，最適解列挙などが，有効だと考えている．解に対する納得感は，解修正の可能性を「把握した上で決定する」ことで得られると考えるからである．これと同じく，最適化が提供できる大きな納得感としては，制約条件や目的関数に対して最適解を与えることにより「この下では，これよりも良い解は存在しない」と保証されることが挙げられる．他者を説得させるためにも，自分を安心させるためにも必要な過程であり，最適化の大きな強みの一つと感じている．

ここで述べた考え方の一部は，2012年にオペレーションズ・リサーチ誌の論文「運用コストを重視した最適化—小規模な事業所で運用可能なシステムを考える—」[34]でも紹介した．また，2009年のスケジューリング・シンポジウムでの講演「「納得」を生み出すスケジューリングアルゴリズムとソフトウエア制約充足を超えて：実行可能領域の直観的把握」[62]でも紹介した．

これらの考え方を「人間の思考に調和する最適化」，「人間の暗黙知に対してロバスト性を持つ最適化」と表現する方もいる．

9.6　セレンディピティ

以前，赤池弘次先生[2]の「研究者と連鈍根」[2]というエッセイを読ませていただいた．研究者にとって，良い問題と巡り合ったり適した視点を得る「運」，すぐなにもかも分かったと思わないことの大切さ「鈍」，集中した意識の継続の積み重ね「根」が大切であることが紹介されていた．このとき著者は，ナース・スケジューリングに巡り合った「運」，能力の問題ではあるが，すぐはなにも分

---

[2] 赤池弘次先生は，統計学のみならずモデリングが関わるほとんどすべての分野にとって大きな画期となった「赤池情報量規準 (AIC)」の提案者としてあまりにも有名である．

9章　現実問題を最適化はどう支援するか

からなかった「鈍」，ひたすら頑張った「根」と，非常におこがましくも勝手に関連づけて，幸せに浸ったことを憶えている[3]．

　赤池弘次先生には，2005年8月号のオペレーションズ・リサーチ誌の特集「モデリング―広い視野を求めて―」において記事「モデリングの技：ゴルフスイングの解析を例として」[3]をご寄稿いただき，本「シリーズ：最適化モデリング」第1巻[4]にも，同じ内容を紹介させていただいた．赤池先生ご自身が描かれる絵（図）はとても魅力的で，本シリーズ1巻にはその一部を載せさせていただいた．その中で，ゴルファーが「宇宙空間を遊泳する地球を足でつかんでぶら下がっている」[3,4]絵を眺めていただければわかるが，サン＝テグジュペリの『星の王子さま』[6]に出てくる「バオバブの木」の絵を見たときのような楽しい気分が湧いてくるはずである（カラーで紹介できないのが残念だが，ぜひ第1巻をご覧いただきたい）．

　ちなみに，赤池先生は，「地球にぶら下がる」といった，人間の意識を変えるような表現もモデリングの「技」と書かれている．つまり，前節に述べたような問題の本質に対する共通理解を引き出す表現（言葉や数式）は，モデリングの技なのかもしれない．せっかくなので，地球にぶら下がる雰囲気を著者の絵で紹介してみる（お粗末）．

　著者がナース・スケジューリングをモデル化した特徴（願わくば「技」）は，シフト制約条件とナース制約条件に制約を分けて扱うところにあると思う．1.3節で述べたように，ある日突然「勤務表の中に縦のラインが見えると同時に横のラインがくっきり見えた」のである．勤務表を縦に見て各シフトに適切なメンバーを揃えようとしつつも，横に見て各ナースの健康や希望や公平さを考慮し，長期的観点での「看護の質」を守ろうと意識した．

　「縦のラインと横のライン」発見当時は，こんな「がらくた」のような発見や思いつきが，自分のナース・スケジューリング研究の基盤になるとは思わなかった．いや，今も「がらくた」にしか思われていないかもしれない．しかし，制約式の行列がブロック対角構造であり，部分問題を意識するようになり，分解法や列生成を考え，今は「入力コスト＋求解コスト＋修正コスト」を最小化

---

[3] 本文は，本シリーズの元となった，2005年8月号のオペレーションズ・リサーチ誌の特集「モデリング―広い視野を求めて―」の号で，著者が書いた編集後記の一部を書き直したものである．

9.6 セレンディピティ

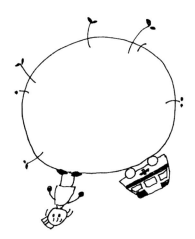

図 9.2 地球にぶら下がる（著者版）

するモデルを求めようと真剣に考えている．

　ナース・スケジューリング研究を 1 人で始めたときのことを思い出すと，1990 年代はナース・スケジューリングに関する興味も論文も減っており，取り組むには難しく厄介で，多くの研究者から「努力が報われない」テーマと思われていた．みんなが逃げていた問題だと感じた．著者は，おめでたくも「世界に 1 人ぐらいこの問題に真剣に取り組む人間がいてもよいのでは」と 1 人で納得し，勝手に勇ましい気持ちになっていた．いまや，ナース・スケジューリングには数えきれないほどの論文や研究があって，正直，相当お恥ずかしい勇者であったと，赤面する次第である．

　話を赤池先生の「モデリングの技」に戻し，自分を勇気づけることを考える．「一見「がらくた」としか見えない思いつきでも，その有効性を追求しつづけると，「セレンディピティ」が働く瞬間が訪れる」[3,4] ことを信じ，頭と体と自分の持ちうるすべての力を使って，OR の魅力，最適化の世界を楽しめたら最高に幸せだ．

　本書において，著者の運鈍根の「根」が多少作用して「見えなかったものが見えてくる」までの様子を，少しでも読者の皆さんに感じていただけたら，と願うばかりである．

191

参考文献

[1] Ahuja, R. K., Magnanti, T. L., Orlin, J. B.: *Network Flows: Theory, Algorithms and Applications*, PRENTICE HALL, 1993.

[2] 赤池弘次：研究者と運鈍根,『学術月報』, Vol. 40, p. 713, 1987.

[3] 赤池弘次：モデリングの技：ゴルフスイングの解析を例として,『オペレーションズ・リサーチ』, Vol. 50, pp. 519–524, 2005.

[4] 赤池弘次：モデリングの技：ゴルフスイングの解析を例として,『モデリング：広い視野を求めて』(室田一雄, 池上敦子, 土谷隆編), シリーズ：最適化モデリング 1, pp. 11–24, 近代科学社, 2015.

[5] 秋田博紀, 池上敦子：ナース・スケジューリングにおける部分問題実行可能解空間のネットワーク表現,『統計数理』, Vol. 61, pp. 79–95, 2013.

[6] Antoine de Saint-Exupéry: *Le Petit Prince*, Reynal & Hitchcock, 1943.

[7] Arther, J. L., Ravindran, A.: A multiple objective nurse scheduling model, *AIIE Transactions*, Vol. 13, pp. 55–60, 1981.

[8] Baskaran, G., Bargiela A., Qu, R.: Integer programming: using branch and bound to solve the nurse scheduling problem, *Proceedings of 2014 International Conference on Artificial Intelligence & Manufacturing Engineering (ICAIME 2014)*, pp. 203–209, 2014.

[9] Bell, P., Hay, G., Liang, Y.: A visual interactive decision support system for workforce (nurse) scheduling, *INFOR*, Vol. 24, pp. 134–145, 1986.

[10] Brucker, P., Burke, E. K., Curtois, T., Qu, R., Vanden Berghe, G.: A shift sequence based approach for nurse scheduling and a new benchmark dataset, *Journal of Heuristics*, Vo. 16, pp. 559–573, 2010.

[11] Burke, E. K., De Causmaecker, P., Vanden Berghe, G., Landeghem, H. V.: The state of the art of nurse rostering, *Journal of Scheduling*, Vol. 7, pp. 441–499, 2004.

[12] Chvátal, V.: *Linear Programming*, W. H. Freeman & Co., 1983.

[13] Constantino, A. A., Landa-Silva, D., Luiz de Melo, E., Xavier de Mendonça, C. F., Rizzato, D. B., Romão, W.: A heuristic algorithm based on multi-assignment

参考文献

procedures for nurse scheduling, *Annals of Operations Research*, Vol. 218, pp. 165–183, 2014.

[14] Croce, F. D., Salassa, F.: A variable neighborhood search based matheuristic for nurse rostering problems, *Annals of Operations Research*, Vol. 218, pp. 185–199, 2014.

[15] Dantzig, G. B., Fulkerson, D. R., Johnson, S. M.: Solutions of a large scale traveling salesman problems, *Operations Research*, Vol. 2, pp. 393–410, 1954.

[16] Dantzig, G. B., Wolfe, P.: The decomposition principle for linear programs, *Operations Research*, Vol. 8, pp. 101–111, 1960.

[17] Dial, R.: Algorithm 360: Shortest-path forest with topological ordering, *Communications of the ACM*, Vol. 12, pp. 632–633, 1969.

[18] Dijkstra, E. W.: A note on two problems in connection with graphs, *Numerische Mathematik*, Vol. 1, pp. 269–271, 1959.

[19] Dowsland, K. A.: Nurse scheduling with tabu search and strategic oscillation, *European Journal of Operational Research*, Vol. 106, pp. 393–407, 1998.

[20] Gavish, B., Grave, S. C.: The travelling salesman problem and related problems, *Working Paper OR-078-78*, Operations Research Center, MIT, Cambridge, MA, 1978.

[21] Gurobi Optimization: Gurobi Optimizer, http://www.gurobi.com/products/gurobi-optimizer（2017年11月1日）.

[22] 半田恵一, 田中俊明：乗換え案内サービスにおける経路探索手法,『電子情報通信学会論文誌 D1』, Vol. J88-D, pp. 1525–1533, 2005.

[23] 長谷部勝也, 池上敦子, 野々部宏司：ナーススケジューリング：最適解の多数生成と特徴分析,『RAMP シンポジウム論文集』, pp. 99–114, 2016.

[24] IBM: IBM ILOG CPLEX Optimizer, https://www-01.ibm.com/software/commerce/optimization/cplex-optimizer/（2017年11月1日）.

[25] 池上敦子, 相澤学, 大倉元宏, 若狭紅子, 松平信子, 越河六郎：ナース・スケジューリング・システム構築のための基礎的調査研,『労働科学』, Vol. 71, pp. 413–423, 1995.

[26] 池上敦子, 丹羽明, 大倉元宏：我が国におけるナース・スケジューリング問題,『オペレーションズ・リサーチ』, Vol. 41, pp. 436–442, 1996.

[27] 池上敦子, 丹羽明：ナース・スケジューリングに有効なアプローチ：2 交替制アルゴリズムにおける実現, *Journal of the Operations Research Society of Japan*, Vol. 41, pp. 572–588, 1998.

[28] 池上敦子：2 交替制ナース・スケジューリングのアルゴリズム改善, *Journal of the Operations Research Society of Japan*, Vol. 43, pp. 365–381, 2000.

[29] Ikegami A., Niwa A.: A subproblem-centric model and approach to the nurse scheduling problem, *Mathematical Programming*, Vol. 97, pp. 517–541, 2003.

[30] 池上敦子：ナース・スケジューリング —調査・モデリング・アルゴリズム—,『統計数理』, Vol. 53, pp. 231–259, 2005.

[31] 池上敦子：モデリングを通して見えた世界,『オペレーションズ・リサーチ』, Vol. 50, pp. 564–567, 2005.

[32] 池上敦子：問題把握の難しさ,『オペレーションズ・リサーチ』, Vol. 51, pp. 388–391, 2006.

[33] Ikegami A., Uno A.: Bounds for staff size in home help staff scheduling, *Journal of the Operations Research Society of Japan*, Vol. 50, pp. 563–575, 2007.

[34] 池上敦子, 宇野毅明, 足立幸子, 村野真悟, 佐藤広幸, 吉田勇人, 軍司奈緒, 内山広紀：運用コストを重視した最適化 —小規模な事業所で運用可能なシステムを考える—,『オペレーションズ・リサーチ』, Vol. 57, pp. 695–704, 2012.

[35] 池上敦子, 田中勇真：ナース・スケジューリングへの再挑戦,『オペレーションズ・リサーチ』, Vol. 59, pp. 26–33, 2014.

[36] 池上敦子：オペレーションズ・リサーチ, だから OR が好き—線形計画法と組合せ最適化の素敵な関係—,『オペレーションズ・リサーチ』, Vol. 61, pp. 505–512, 2016.

[37] 乾伸雄, 池上敦子：ナーススケジューリング問題における混合整数線形計画問題と充足性判定問題による厳密解法の比較,『オペレーションズ・リサーチ』, Vol. 55, pp. 706–712, 2010.

[38] Jaumard, B., Semet, F., Vovor, T.: A generalized linear programming model for nurse scheduling, *European Journal of Operational Research*, Vol. 107, pp. 1–18, 1998.

[39] Jiang, H., Qiu, J., Xuan, J.: A hyper-heuristic using GRASP with path-reranking: a case study of nurse rostering problem, *Journal of Information Technology Research*, Vol. 4, pp. 31–42, 2011.

[40] 加藤直樹：『数理計画法』, コンピュータサイエンスシリーズ 19, コロナ社, 2008.

[41] 小島政和, 土谷隆, 水野眞治, 矢部博：『内点法』, 経営科学のニューフロンティア 9, 朝倉書店, 2001.

[42] B. コルテ, J. フィーゲン（浅野孝夫, 浅野泰仁, 小野孝男, 平田富夫 訳）：『組合せ最適化 第 2 版（理論とアルゴリズム）』, 丸善出版, 2012.

[43] Lawler, E. L., Lenstra, J. K., Rinnooy Kan, A. H. G., Shmoys, D. B.: *The Traveling Salesman Problem: A Guided Tour of Combinatorial Optimization*, Wiley, 1985.

[44] Martins, E. Q. V., Pascoal, M. M. B., Santos, J. L. E.: Deviation algorithm for

参考文献

ranking shortest paths, *International Journal of Foundations of Computer Science*, Vol. 10, pp. 247–261, 1999.

[45] Métivier, J. P., Boizumault, P., Loudni, S.: Solving nurse rostering problems using soft global constraints, Lecture Notes in Computer Science (*Principles and Practice of Constraint Programming*), Vol. 5732, pp. 73–87, 2009.

[46] Michael, C., Jeffery, C., David, C.: Nurse preference rostering using agents and iterated local search, *Annals of Operations Research*, Vol. 226, pp. 443–461, 2015.

[47] Millar, H. H., Kiragu, M.: Cyclic and non-cyclic scheduling of 12 h shift nurses by network programming, *European Journal of Operational Research*, Vol. 104, pp. 582–592, 1998.

[48] Miller, C. E., Tucker, A.W., Zemlin, R. A.: Integer programming formulations and traveling salesman problems, *Journal of the Association for Computing Machinery*, Vol. 7, pp. 326–329, 1960.

[49] Miller, H. E., Pierskalla, W. P., Rath, G. J.: Nurse scheduling using mathematical programming, *Operations Research*, Vol. 24, pp. 857–870, 1976.

[50] 宮本裕一郎：はじめての列生成法，『オペレーションズ・リサーチ』，Vol. 57, pp. 198–204, 2014.

[51] 宮代隆平：整数計画法メモ, http://web.tuat.ac.jp/~miya/ipmemo.html（2017 年 11 月 1 日）.

[52] 宮代隆平：整数計画ソルバー入門，『オペレーションズ・リサーチ』，Vol. 57, pp. 183–189, 2014.

[53] 森雅夫，松井知己：『オペレーションズ・リサーチ』，経営システム工学ライブラリー 8，朝倉書店，2004.

[54] 森田隼史：鉄道運賃計算のためのネットワーク構築と最適経路探索，成蹊大学大学院工学研究科修士論文，2007.

[55] 日本医療労働組合連合会：2016 年度夜勤実態調査結果，『医療労働』，pp. 7–32, 2016.

[56] Nonobe, K., Ibaraki, T.: A tabu search approach to the constraint satisfaction problem as a general problem solver, *European Journal of Operational Research*, Vol. 106, pp. 599–623, 1998.

[57] University of Nottingham: Employee shift scheduling benchmark data sets, http://www.schedulingbenchmarks.org/（2017 年 11 月 1 日）.

[58] Pillay, N.: A survey of school timetabling research, *Annals of Operations Research*, Vol. 218, pp. 261–293, 2014.

[59] 繁野麻衣子，池上敦子：スタッフ・スケジューリング，『サービスサイエンスことはじめ：数理モデルとデータ分析によるイノベーション』（高木英明編著），pp. 177–210, 筑

波大学出版会, 2014.

[60] 嶋田葉子, 池上敦子, 大倉元宏：看護婦勤務表作成支援システムの開発を意図したタスク分析, 『人間工学』, Vol. 37, pp. 125–133, 2001.

[61] 高橋香, ブルノ フィゲラ ロウレンソ, 赤池洋一, 山口梨恵, 山本剛大, 林田真治, 池上敦子：小学校における授業時間割作成, 『情報処理学会論文誌 数理モデル化と応用』, Vol. 10, pp. 80–91, 2017.

[62] 田辺隆人, 岩永二郎, 多田明功, 池上敦子：「納得」を生み出すスケジューリングアルゴリズムとソフトウエア制約充足を超えて：実行可能領域の直観的把握, 『スケジューリング・シンポジウム』, pp. 169–173, 2009.

[63] 徳永拓真, 田中勇真, 小林隆文, 沓水佑樹, 池上敦子：非正社員を主力とするスタッフスケジューリングにおけるモデル化と支援システムの構築, 『情報処理学会論文誌 数理モデル化と応用』, Vol. 8, pp. 57–65, 2015.

[64] 柳浦睦憲, 茨木俊秀：『組合せ最適化 —メタ戦略を中心として—』, 経営科学のニューフロンティア 2, 朝倉書店, 2001.

[65] Yen, J. Y.: Finding the k shortest loopless paths in a network, *Management Science*, Vol.17, pp.712–716, 1971.

[66] Warner, D. M.: Scheduling nursing personnel according to nursing preference: A mathematical programming approach, *Operations Research*, Vol.24, pp.842–856, 1976.

[67] Zuse Institute Berlin: SCIP, http://scip.zib.de/（2017 年 11 月 1 日）.

おわりに

　ナース・スケジューリングを題材に，問題把握のためのモデリングについて書いてみた．既存の概念に惑わされない気持ちで書いてみようと思っていたが，果たしていかがだっただろうか．

　著者は，理論と応用を考えるとき，現実・現象の本質をモデルとして与えるモデリングは，問題解決を支援するとともに，現実・現象を理論へとつなぐ架け橋だと感じている．そして，モデリングに対するこの思いを胸に「見えなかった難しさを見えるようにする」「難しい問題を簡単にしてみせる」ことにこだわって研究活動を行ってきた．

　赤池弘次先生と「理論と応用」について，メールで議論させていただいたことがある．心理学者の桐原葆見先生の短い論文（理論と應用，『労働の科学』，Vol. 1, No. 3, p. 47, 1946）を持ち出してである．

　「理論があって，しかる後にそれを実際の事がらへあてはめて処理するのが応用である，ということにまちがいはない．けれども考察の過程の現実は正にそれの逆である．応用が前で，理論は後から引き出されるのである．」で始まるこの論文に対し，著者は，現実・現象を観て理論を導き出す（問題を正しく把握する）ところの重要さが述べられていると感じていた．オペレーションズ・リサーチ誌にモデリング特集を組んでいた頃であり，モデリングにおける大事な姿勢に通ずると感じていたからである．

　赤池先生が，この論文を読まれた感想として「我が意を得たりの感があります」「まさしくこの論文の姿勢は小生の仕事の進め方そのものです」とメールに書いておられたことに，心からうれしく，著者の大切な思い出になった．モデリング特集に取り組んだことは，赤池先生のエッセイ「研究者の運鈍根」のまさしく「運」なのだと感じた．

おわりに

　ナース・スケジューリングに出会うチャンス，研究に取り組む後押しをくださった先生方，著者の研究活動にいろいろな形で関わってくださった方々，そして，本書執筆をご指導ご支援くださった方々の存在は，著者にとって何よりの宝物（運）である．そのすべての方々に深く感謝申し上げたい．さらに，本書において，多くの寄り道，脇道，蛇足にお付き合いくださった読者に心から感謝したい．

索 引

数字・欧文

0-1 整数計画問題	37
0-1 変数	36
2 交替制	14, 117
2 部グラフ	77
2 連休	47
3 交替制	11
3 直 2 交替	31
4 直 3 交替	32
CPLEX	18
Dantzig–Fulkerson–Johnson 制約	112
Gavish–Graves 制約	114
Gurobi	18
Ikegami-2shift-DATA1	120
Ikegami-3shift-DATA1	14, 23
k 最短路ネットワーク	143
k 最短路問題	130
Millar の問題例	21, 97
Miller–Tucker–Zemlin 制約	113
MPS 法	135
SAT ソルバー	18
SCIP	37
WCSP	87
Yen のアルゴリズム	135

ア

アーク	76, 130
アルゴリズム	36
アンケート調査	2, 154, 171
暗黙的な最適解	188
意思決定変数	36
遺伝アルゴリズム	17
入次数	134
永久ラベル	132
枝	158
オペレーションズ・リサーチ (OR)	16

カ

解空間	87, 187
改善フェーズ	99
外注ナース	35, 42
解の修正	18, 87, 164
下界	52, 59, 66, 101
確定勤務	24
学校時間割作成	153, 176
仮ラベル	132
間隔日数	19, 38, 44
完全単模性	72
緩和解	117, 143
緩和最適解	148
緩和ネットワーク	145
緩和問題	102, 109
求解効率	188
教科集合	179
供給点	76
供給量	76
局所最適解	98
局所探索	96
距離ラベル	132
禁止シフト並び	19
近傍	98
勤務回数	19

索　引

勤務希望	89, 121, 164
勤務人数	19
勤務表	3
勤務表作成	2, 11, 31
勤務表作成支援システム	153, 164
勤務表の評価	8
組合せ最適化問題	16, 37, 109
グラフ	158
クリーク	158
クリーク枝被覆（クリーク辺被覆）	158
計算時間	59
計算実験	59, 159
結合制約	9, 92
厳密解法	101
厳密最適解	18, 36
交替制勤務	31
構築フェーズ	99
降板履歴	100
コース時間割作成	176
コスト最小化	8
個別単日スケジュール	159
子問題	101
孤立勤務	13
混合整数計画問題	37, 161

サ

サイクリックスケジューリング	32, 88
サイクルを持たない有向ネットワーク	133
最小 1 木問題	116
最小クリーク枝被覆問題	158
最小費用流問題	63, 76
最短路	130, 188
最短路木	132
最短路ネットワーク	135
最短路問題	130
最適化	16, 36, 189
最適解	36
最適化汎用ソルバー	18, 37
最適化モデル	18, 35
最適化問題	36, 188
最適性の原理	135
最適値	36, 52, 101
サービス制約条件	155
暫定解	37, 59
暫定値	59
時間割作成	176
試験監督割当	177
試験時間割作成	176
時限集合	179
実行可能解	36, 141
実行可能解空間	129
実行可能スケジュール	50
実行可能パターン	53
実行可能パターン・ネットワーク	142
実行不可能	36
シフト	1, 11
シフト・スケジューリング	31, 153, 171
シフト制約条件	5, 14, 19, 171
シフトの並び	3, 7, 43
シフト表	171
シミュレーテッド・アニーリング	17
弱双対定理	73
充足可能性判定問題 (SAT)	18
授業時間割作成	176
主問題	72
需要点	76
需要量	76
巡回セールスマン問題	109
巡回路	110
循環ネットワーク	84
準夜勤	11
上界	59, 101
小学校時間割作成	177
乗務員スケジューリング	31
シンクノード	130
深夜勤	11
数理	36
数理計画	36

数理最適化	36
スキルレベル	19, 38
スタッフ・スケジューリング	31
スタッフ制約条件	155, 171
整数計画問題	17, 37
整数最適解	72
整数線形計画問題	37
制約式	36
セレンディピティ	191
線形緩和	59
線形計画問題	37
線形計画問題の整数性	72
前月末からの並び	20, 43
相対コスト	66
双対定理	73
双対問題	72
相補性条件	74
相補性定理	74
速度向上	124
ソースノード	130
その他の勤務	11, 20, 38
ソフト制約条件	20, 48

タ

ダイアル実装	133
ダイクストラ法	132
代表表現	119
タイムスロット	172
縦の条件	5
タブー探索	17, 99
タブーリスト	100
ダミー・スケジュール	99
ダミー・パターン	123
担当患者	19, 38
値域	101
中継点	76
頂点	76, 158
定式化	35
鉄道乗務員スケジューリング	31

答案返却時間割作成	176
動的計画法	135, 137
トポロジカル・オーダリング	134
トポロジカル・ソート	134
貪欲法	65, 184

ナ

ナースグループ	19
ナース・スケジューリング	11, 16
ナース制約条件	5, 14, 19
ナース・プール	9, 35
ナース・ロスタリング	16
納得感	189
日勤	11
日勤パターン	117, 123
ネットワーク表現	141, 143
ネットワーク・フロー構造	161
ネットワーク・フロー問題	76
ノード	76, 130
乗換案内サイト	135

ハ

バイナリ・ヒープ	133
パス	130
ハード制約条件	20
ハンガリー法	75
一筆書き	110
ヒューリスティック・アルゴリズム	18, 25, 87
フィボナッチ・ヒープ	133
不可能勤務	19, 38
負のサイクル	130
部分解	50
部分巡回路	110
部分問題	92, 136
部分問題軸アプローチ	96
フロー	76
ブロック対角構造	9, 91
分解アルゴリズム	96

索　引

分枝	101
分枝限定法	101, 162
訪問介護スタッフ・スケジューリング	153

マ

マッチング問題	63
メタヒューリスティック・アルゴリズム	17, 87
メタヒューリスティックス	17, 99
目的関数	36, 187
モデリング	36, 188
モデル	35, 36
問題例	36

ヤ

夜勤	3
夜勤パターン	119
休み	11
休み希望	13, 32, 89, 121
輸送問題	81
横の条件	5

ラ

ラディックス・ヒープ	133
離散最適化問題	36
流量	76
良解	24
累積回数	137
列生成	52
連続最適化問題	36
連続日数	19, 38, 43
ロスタ	16
ローテーション・ナース	32

ワ

割当構造	36
割当問題	63, 64, 115

【著者】

池上敦子（いけがみ あつこ）
立教大学理学部数学科卒業後，成蹊大学工学部助手
2001 年　博士（工学，成蹊大学）
2002～2007 年　日本オペレーションズ・リサーチ学会 学会誌編集委員
2006 年　成蹊大学理工学部講師
2007 年　成蹊大学理工学部准教授
2009 年　成蹊大学理工学部教授
2013～2015 年　日本オペレーションズ・リサーチ学会編集理事（学会誌編集委員長）

主要著書：
『サービスサイエンスことはじめ：数理モデルとデータ分析によるイノベーション』（共著）（筑波大学出版会，2014 年）

【編集委員】

室田一雄（むろた かずお）
1980 年東京大学工学系研究科計数工学専攻修士課程修了．その後，東京大学助手，筑波大学講師，東京大学助教授，京都大学助教授，教授，東京大学教授を経て，2015 年より首都大学東京教授．2016 年東京大学名誉教授．
博士（工学，東京大学，1983 年），博士（理学，京都大学，2002 年）

池上敦子（いけがみ あつこ）
立教大学理学部数学科卒業後，成蹊大学助手，講師，准教授を経て，2009 年より教授．
博士（工学，成蹊大学，2001 年）

土谷 隆（つちや たかし）
1986 年東京大学工学系研究科計数工学専攻修士課程修了．その後，統計数理研究所助手，助教授，教授を経て，2010 年より政策研究大学院大学教授．
博士（工学，東京大学，1991 年）

公益社団法人 日本オペレーションズ・リサーチ学会について

　1957年6月15日設立．会員数約2000人(2018年2月現在)．オペレーションズ・リサーチの研究，手法開発，企業経営や行政における具体的な問題解決への活用を促進することを目的とする学会であり，会員相互の情報交換，海外との交流を積極的に推進している．
(ホームページ：http://www.orsj.or.jp/)

シリーズ：最適化モデリング3
ナース・スケジューリング
―問題把握とモデリング―

© 2018 Atsuko Ikegami　　　　　　　　　　Printed in Japan

2018年2月28日　初版第1刷発行

著　者　池上敦子

発行者　小山　透

発行所　株式会社 近代科学社

〒162-0843　東京都新宿区市谷田町2-7-15
電話 03-3260-6161　振替 00160-5-7625
http://www.kindaikagaku.co.jp

藤原印刷　　　　　ISBN978-4-7649-0558-0
　　　　　定価はカバーに表示してあります．

【本書のPOD化にあたって】

近代科学社がこれまでに刊行した書籍の中には、すでに入手が難しくなっているものがあります。それらを、お客様が読みたいときにご要望に即してご提供するサービス／手法が、プリント・オンデマンド（POD）です。本書は奥付記載の発行日に刊行した書籍を底本としてPODで印刷・製本したものです。本書の制作にあたっては、底本が作られるに至った経緯を尊重し、内容の改修や編集をせず刊行当時の情報のままとしました（ただし、弊社サポートページ https://www.kindaikagaku.co.jp/support.htm にて正誤表を公開／更新している書籍もございますのでご確認ください）。本書を通じてお気づきの点がございましたら、以下のお問合せ先までご一報くださいますようお願い申し上げます。

お問合せ先：reader@kindaikagaku.co.jp

Printed in Japan

POD開始日　2022年2月28日

発　　　行　株式会社近代科学社
　　　　　　〒101-0051 東京都千代田区神田神保町1丁目105番地
　　　　　　https://www.kindaikagaku.co.jp

印刷・製本　京葉流通倉庫株式会社

・本書の複製権・翻訳権・譲渡権は株式会社近代科学社が保有します。
・ JCOPY ＜(社)出版者著作権管理機構 委託出版物＞
本書の無断複写は著作権法上での例外を除き禁じられています。
複写される場合は、そのつど事前に（社）出版者著作権管理機構
(https://www.jcopy.or.jp, e-mail: info@jcopy.or.jp) の許諾を得てください。

あなたの研究成果、近代科学社で出版しませんか？

- ▶ 自分の研究を多くの人に知ってもらいたい！
- ▶ 講義資料を教科書にして使いたい！
- ▶ 原稿はあるけど相談できる出版社がない！

そんな要望をお抱えの方々のために
近代科学社 Digital が出版のお手伝いをします！

近代科学社 Digital とは？

ご応募いただいた企画について著者と出版社が協業し、プリントオンデマンド印刷と電子書籍のフォーマットを最大限活用することで出版を実現させていく、次世代の専門書出版スタイルです。

近代科学社 Digital の役割

- **執筆支援** 編集者による原稿内容のチェック、様々なアドバイス
- **制作製造** POD 書籍の印刷・製本、電子書籍データの制作
- **流通販売** ISBN 付番、書店への流通、電子書籍ストアへの配信
- **宣伝販促** 近代科学社ウェブサイトに掲載、読者からの問い合わせ一次窓口

近代科学社 Digital の既刊書籍 (下記以外の書籍情報は URL より御覧ください)

電気回路入門
著者：大豆生田 利章
印刷版基準価格(税抜)：3200円
電子版基準価格(税抜)：2560円
発行：2019/9/27

DX の基礎知識
著者：山本 修一郎
印刷版基準価格(税抜)：3200円
電子版基準価格(税抜)：2560円
発行：2020/10/23

理工系のための微分積分学
著者：神谷 淳／生野 壮一郎／
仲田 晋／宮崎 佳典
印刷版基準価格(税抜)：2300円
電子版基準価格(税抜)：1840円
発行：2020/6/25

詳細・お申込は近代科学社Digitalウェブサイトへ！
URL: https://www.kindaikagaku.co.jp/kdd/index.htm